天工开悟

中国古建装饰

木雕

CHINESE ANCIENT ARCHITECTURE DECORATION WOOD CARVING

3

黄滢 马勇 主编
欧朋文化 策划

華中科技大學出版社
http://www.hustp.com
中国·武汉

目录 CONTENTS

天花、藻井

中国古建筑的室内顶部天花装修有三种处理手法，即露明、平綦和藻井。露明，又称砌上明造，即对室内顶部空间不作任何掩盖处理，梁、檩、椽等木构架尽露，它可以展现屋顶木构架的结构美。平綦和藻井属于顶棚类的装置。平綦俗称天花板，用以掩盖屋顶内空间的结构部分，使室内各个界面（墙面、地面和顶面）整齐划一，整体感强。藻井是用

于古代高等级建筑内天花中心处的一种较复杂的装修，其基本形状为一向上凹的四角形（斗四）或八角形（斗八）形式。藻井的存在可以强调出室内上部空间的中心所在，突显整个笼罩空间的重要性，为空间构图的中心。藻井在古代是一种有着从人间通向天庭象征意义的建筑装饰，下方一般设皇帝御座或神佛像，所以一般人家中是不准设藻井的。本节主要介绍天花和藻井的装饰。

北京太庙大殿其中三间天花是贴金的，制作精细，装饰豪华

天花

天花是室内梁架之下设置的部件，它既可遮挡梁架，又可施以各种彩绘，具有美化空间的作用。同时，还可以界定室内空间高度，有保温、隔热及防尘的效果，所以天花又称“仰尘”“承尘”“平棋”“平暗”。有的天花将梁枋全部掩盖，有的则露出主要梁枋。明清时期按构造类型分为井口天花和海墁天花。井口天花由木条构成井字形网状棂条，并在方格内铺上花板，是明清古建筑天花的最高形制。海墁天花是一般建筑的天花，主要由木顶格、吊挂等构件组成。古建天花上一般都绘制彩画，其中高等级的天花彩画还采用贴金装饰；砖石做的券顶有的雕刻造像，圆形穹顶封口石一般也雕饰龙纹等，繁复绮丽，华美动人。

北京太庙是明清时皇帝祭奠祖先的家庙，始建于明永乐十八年（1420 年），占地 200 余亩，是根据中国古代“敬天法祖”的传统礼制建造的。太庙平面呈长方形，南北长 475 米，东西宽 294 米，共有三重围墙，由前、中、后三大殿构成三层封闭式庭院。大殿耸立于整个太庙建筑群的中心，重檐庑殿顶，三重汉白玉须弥座式台基，四周围石护栏；殿内的主要梁栋外包沉香木，别的建筑构件均为名贵的金丝楠木。此图为太庙大殿，天花装饰庄重华美，其中三间天花贴金

北京智化寺殿内明代天花，以文字符号做装饰

清慈禧太后陵寝天花，满贴龙纹金饰

颐和园佛香阁天井

清西太后慈禧陵在普陀峪，于同治十二年（1873 年）兴建，光绪年间全面重修，其建筑之华丽精美冠于东陵，号称金、木、石三绝，仅三大殿所用的叶子金就达 4 592 两以上，三大殿的梁、枋都用黄花梨木制成，石料一律采用上好的汉白玉。隆恩殿内装饰贴金彩绘，殿内明柱盘旋金龙，梁枋满贴龙纹金饰，天花也极为华美，采用井口天花，方格内贴金箔，椽条上饰以精美图纹，金碧辉煌

明长陵的祾恩殿，是明代帝陵中唯一保存至今的陵殿，规模大，等级高。此殿仿制明代皇宫金銮殿，面阔9间（66.56米），进深5间（29.12米），柱网总面积达1938平方米，是国内罕见的大型殿宇之一。重檐庑殿式，覆以黄色琉璃瓦饰。殿内梁、柱、枋、檩、鎏金斗拱等大小木构件，均为名贵的优质楠木加工而成。殿内各构件除天花外无油漆彩画，显得纯朴厚重

黄山八面厅廊下天花，以木雕装饰在平板上

北京故宫殿内木质天花

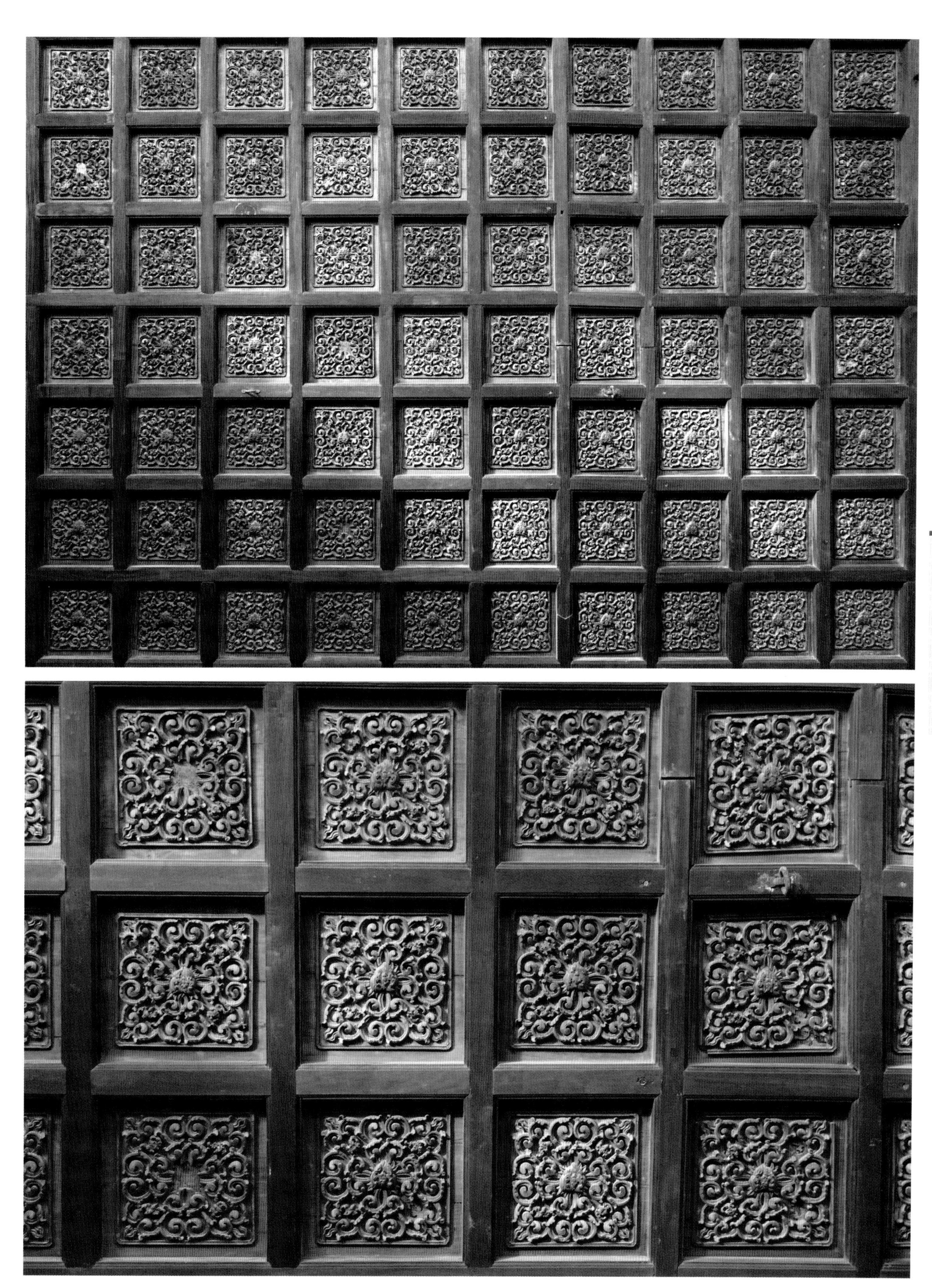

北京故宫殿内木质天花，贴雕卷草花卉，是室内天花装修较为精致华丽的一种

颐和园听鹂馆戏楼天花，四周采用海墁天花与井口天花相结合的形式，中部向上顶起，借用了藻井的处理手法

北京故宫殿内天花

北京国子监辟雍殿内天花

中正仁和
1
2

藻井

藻井是中国特有的繁复绚丽的装饰技术，工艺极为繁杂。匠人们不用钉子，而是以榫卯、斗拱堆叠而成。从宋元明清一路发展而来，藻井也从最早的斗八演化成数不胜数的复杂造型。从明到清，藻井无论是官方还是民间，都向着繁复发展。在清代，藻井顶部中心象征天庭的明镜变成垂下的盘龙，盘龙口悬明珠，藻井发展到了顶峰。

史料记载，自太和殿建成后，距它 90 千米范围内发生过 6 级以上地震 7 次，多次震动太和殿，蟠龙藻井却不曾遭受破坏。这是因为采用了榫卯结合的空间结构，遇到强震，虽会“松动”却不致“散架”，使整个房屋的地震荷载大为降低，起到抗震的作用。

藻井一般用于重要的殿宇，例如宗教建筑的佛像之上、皇帝正间宝座之上、室外戏台等建筑。藻井起到装饰作用，还有避火的寓意。早在敦煌壁画中，藻井就是耀眼的饰件之一，用来显示建筑的等级及尊贵，成为神圣和权力的象征。

1. 北京故宫养心殿龙凤角蝉云龙随瓣枋套方八角浑金蟠龙藻井，与太和殿不同的是并没有完全采用金色，在图形结构上使用了绿色，“养心莫善于寡欲”。但中部圆形部分仍保留富丽璀璨的金色，中心为龙衔轩辕镜（轩辕镜：古代皇帝宝座上方由水银制成的圆球），整体看起来明丽华美。匾额上的“中正仁和”为雍正皇帝御题。屏风两侧“保泰常钦若”“调元益懋哉”为乾隆皇帝御题

2. 原北京隆福寺藻井，现在北京古建博物馆展出

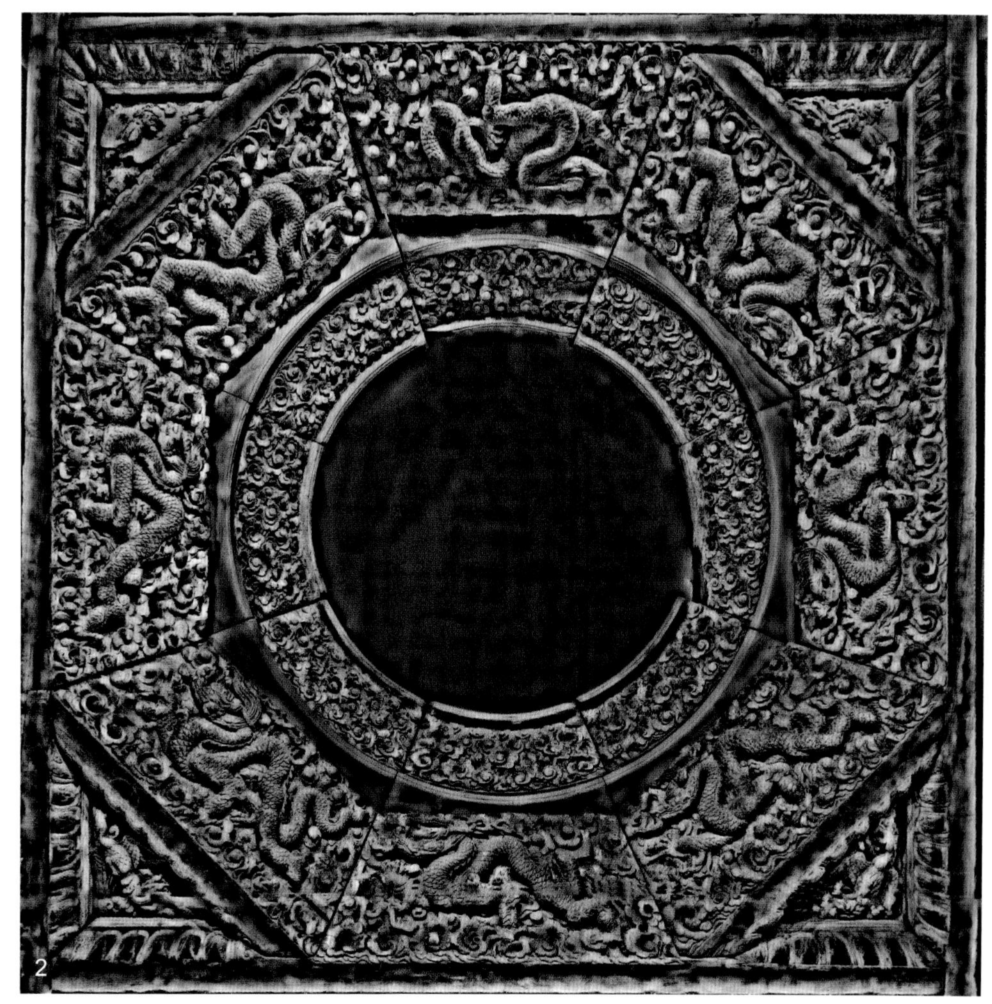

藻井一般做成向上隆起的“井”状，有方形、多边形或圆形凹面，周围饰以各种花藻井纹、雕刻和彩绘。“穹然高起，如伞如盖”的藻井，常见造型为上圆下方，符合古人“天圆地方”的宇宙观。就像西方教堂建筑中的穹窿顶代表上苍一样，中国建筑内的藻井也就是天的缩影。中国古代建筑以木结构建筑为主，防火成为头等大事。据《风俗通》记载：“今殿作天井。井者，东井之像也。菱，水中之物。皆所以厌火也。”东井即井宿，二十八宿中的一宿，古人认为是主水的，在殿堂、楼阁最高处作井，同时装饰以荷、菱、莲等水生植物，可见藻井有避火之意。

1. 北京智化寺藻井

2. 北京天坛皇穹宇藻井。皇穹宇由环转 16 根柱子支撑，外层 8 根檐柱，中间 8 根金柱，两层柱子上设共同的镏金斗拱，以支撑拱上的天花和藻井，殿内满是龙凤和玺彩画，天花图案为贴金“二龙戏珠”，藻井为金龙藻井。皇穹宇殿内的斗拱和藻井跨度在中国古建中独一无二

2

汉代的“斗四”式藻井是在方形中再套叠两层方形，方格中心绘花纹。这种基本结构，成为汉代以后各种藻井结构变化的基础。发展到宋代，《营造法式》将藻井进行了明确的规范，出现了“斗八”藻井和“小斗八”藻井。斗八藻井多用于室内天花的重点部位，做法是分为上中下三段：下段方形、中段八角形、上段圆顶。小斗八藻井多用于室内不重要的地方，做法是分为上下两段，下段为八角井，上段为斗八。明清时期的藻井样式，在宋代的斗八藻井基础上变得更加复杂细致，最明显的变化是藻井顶心的明镜范围扩大，有的竟占去八角的一半之多。圆井内多施以龙纹雕刻，故到了清代被称为“龙井”。

北京故宫交泰殿藻井，位于大殿的正中央，共分上、中、下三层，上为圆井，下为方井，中为八角井。藻井内雕有一条俯首下视的金龙，口衔圆珠，雕刻精细，华美璀璨

隆福寺藻井

北京古建博物馆藏品，原是北京隆福寺万善正觉殿（三宝殿）三世佛释迦牟尼佛头顶上的藻井。藻井平面为圆形，分为四层（有说五层，也有说六层），天宫下为彩绘的二十八星宿神像，宫阙里有仙人天女，表情神态极为细腻。每层雕刻云纹，圆形托架上建有木构建筑，由下往上圆形托架直径逐渐递减，到第四层云纹圆形托架内附加以云纹正方形托架，正方形托架上也有建筑。第四层（最上层）正方形云纹托架上建筑有四座，每边一座，为三开间重檐歇山顶建筑，四座建筑之间有八间拐角游廊相连接。第三层圆形云纹（云纹部分还保留着贴金）托架上有建筑十六座，其中有八座三开间前出抱厦的重檐歇山建筑，八座一开间单眼歇山建筑，相互之间有廊子连接。第二层圆形云纹托架上的建筑也是十六座，但是建筑与上层相比又有变化，其中八座是三开间重檐歇山顶建筑，八座是重檐圆攒尖顶的亭子，相互之间也有游廊连接。最底层也就是第一层圆形云纹托架两侧为斗拱，上面承托着三十二座建筑，建筑是三座一组，中间以亭子隔开，亭子为重檐圆攒尖，三座建筑均为重檐，但是屋顶略有变化，中间的建筑为重檐十字歇山顶，另两座虽是歇山顶，但是其中一座正脊上有塔。总体算起来藻井上有楼亭建筑六十八座。

藻井的工艺非常复杂，工匠们不用钉子，而是利用榫卯、斗拱堆叠而成。各种梁檩穿插结构形成藻井，被认为是中华木造建筑一项繁杂的装饰技术。藻井木工构件的制作要求砍斫、墨线、开榫、钻孔等每个环节都精益求精，木纹的方向、开榫的位置和孔径大小都不能有毫厘误差。藻井常见的颜色有石青、绿、土红、赭石、朱砂、红、黄、白、黑等。用色多以对比色为主，套色少，颜色之间相互借用穿插，形成丰富的色彩层次。

北京古建筑博物馆收藏的藻井，由外向内，藻井按正方、八角、圆形构成。中间雕刻祥龙盘云，龙头倒悬，威风凛凛

北海公园小西天藻井

北海公园五龙亭藻井

几乎所有的藻井都采用中轴对称的结构，垂直方向上的骨架都是最基本的几何图形，如方形、圆形、八角形等。这种规则的骨架结构，使得无论在其上施以多么繁复的雕刻、绘饰或是贴金，藻井的整体均能保持繁而不乱，始终有一种节奏感和韵律感。

就藻井上装饰彩画的绘制程序而言，据《营造法式》一书记载，大体上要分“衬地”“衬色”“细色”“贴金”四个步骤。也就是说，先要涂上底色，然后上花纹的大块颜色，再其次是勾画细部，最后再点缀以泥金或金箔。正因为当时采用了这样一个步骤，所以唐宋时期殿堂藻井的彩画或雕刻上的颜色，大多是多层次的，富丽堂皇。

北京北海极乐世界殿（小西天），始建于乾隆三十三年（1768 年），建成乾隆三十五年（1770 年），是乾隆皇帝为其母祝寿祈福的地方，与万佛楼（在极乐世界殿北面，今已无存）同一时间所建。主体建筑为极乐世界殿，总建筑面积 1 246 平方米。殿为四角攒尖式建筑，高 26.9 米，重檐，黄色琉璃瓦，绿剪边，鎏金宝顶。殿四面窗扉、隔扇细镂花纹。殿内有擎檐柱 36 根，檐柱 28 根，金柱 20 根，贴金柱 4 根，共计 88 根。其梁跨度 13.5 米，是全国最大的方亭式宫殿建筑。内殿中心为金光灿灿的八角穹窿团龙藻井。极乐世界殿共分为五层，外为八角，内为圆形，层层向上收缩，每一层由云龙雕刻与斗拱构成，中心蟠龙衔珠

1~4. 御花园位于北京紫禁城中轴线上，坤宁宫后方，明代称为宫后苑，清代称为御花园。始建于明永乐十八年（1420年），以后曾有增修，现仍保留初建时的基本格局。全园南北纵 80 米，东西宽 140 米，占地面积 12 000 平方米。园内有万春亭、浮碧亭、千秋亭、澄瑞亭等名亭，分别象征春、夏、秋、冬四季。万春亭与千秋亭一东一西，都是方形重檐的亭子，上有伞状攒尖圆顶，四面出厦，构成十二角。浮碧亭、澄瑞亭两亭也是一东一西，均为方形。万春亭与花园西部的千秋亭相呼应，造型相同，组成一对。两亭都精美绚丽，可称宫内最美的亭子之一。四个亭子顶上的藻井构建也极为华丽，外方内圆层层托起，气势高阔

3

4

1

1~3. 北京妙应寺，俗称白塔寺，位于西城区阜成门内大街171号，是一座藏传佛教格鲁派寺院。该寺始建于元朝，初名“大圣寿万安寺”，寺内建于元朝的白塔是中国现存年代最早、规模最大的喇嘛塔。此为白塔寺七佛宝殿的藻井天花。一排三个藻井，外方中八角内圆，层层上升，精雕彩绘，装饰华美

宜宾李庄旋螺殿，为明代所建，三重檐八角攒尖顶，高 25 米，屋面铺筒瓦兼小青瓦。殿平面呈八边形，面阔、进深均为 8 米。殿内结构与一般庙宇不同，用四井口柱直贯二层，井口柱间以抬梁、穿枋、角梁连接，形成梁架骨干。第一层抬梁承接殿内楞木楼板，东西两梁下附梁枋，8 根踩步梁上立中层檐柱 8 根，上承椽枋，下附檐椽；檐枋上为中檐斗拱。第二层抬梁承接顶层檐柱 8 根，檐柱平板枋上置拱，坐斗外侧为外檐斗拱，内侧构成网目状的藻井，殿的斗拱大致相同，层层而上，内承梁架，外挑檐枋。顶部藻井，八面均用斗拱。其左侧用如意斗拱，右侧斜翅和斗拱后尾向上重叠呈网目状，并向右旋转，形如旋螺，故殿有此名

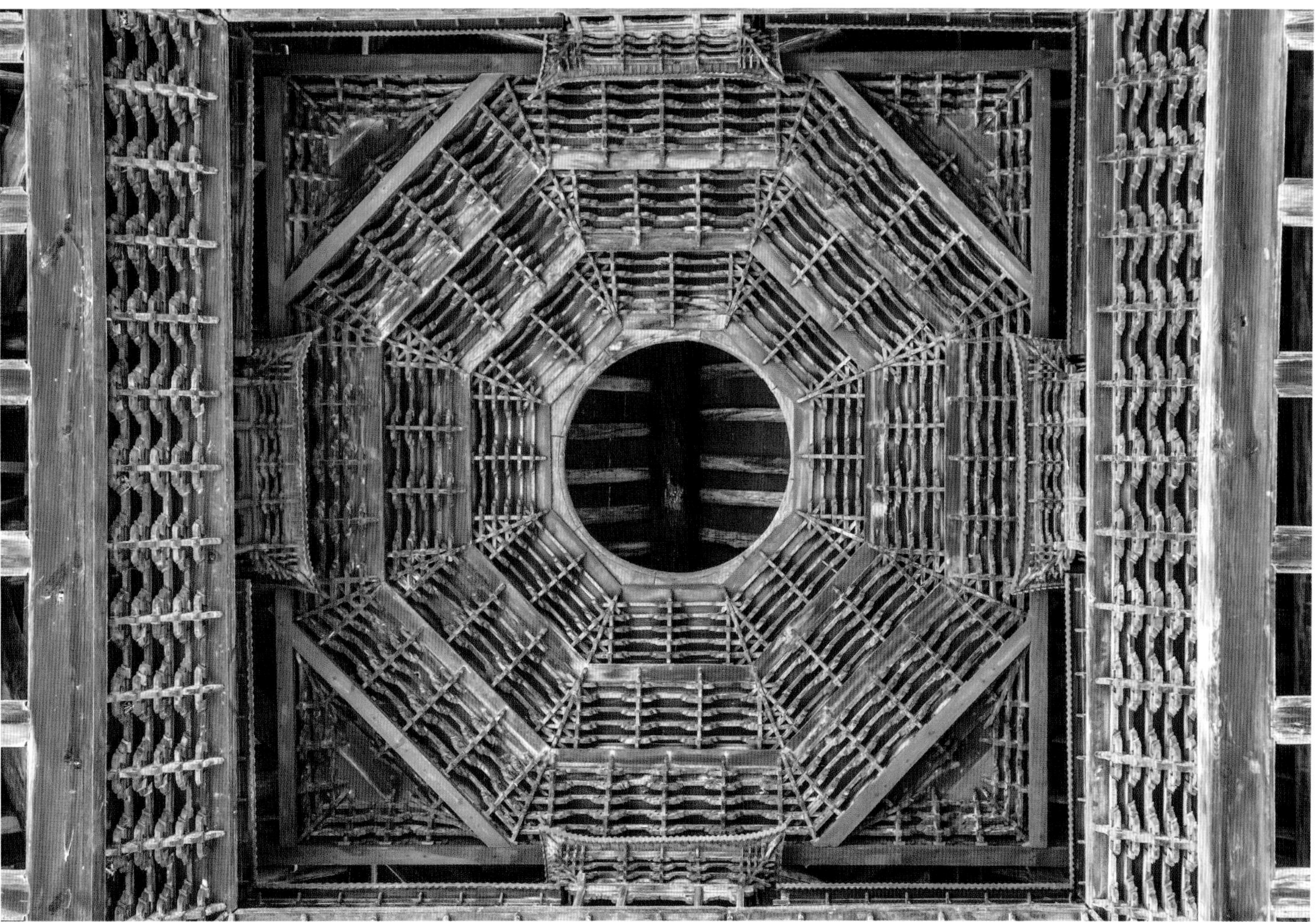

山西窦大夫祠献亭藻井，完全由木块和木条交错层叠咬合而成，没有一个钉子，而且排列疏朗，造型精巧，呈八卦图形，是不可多得的艺术品

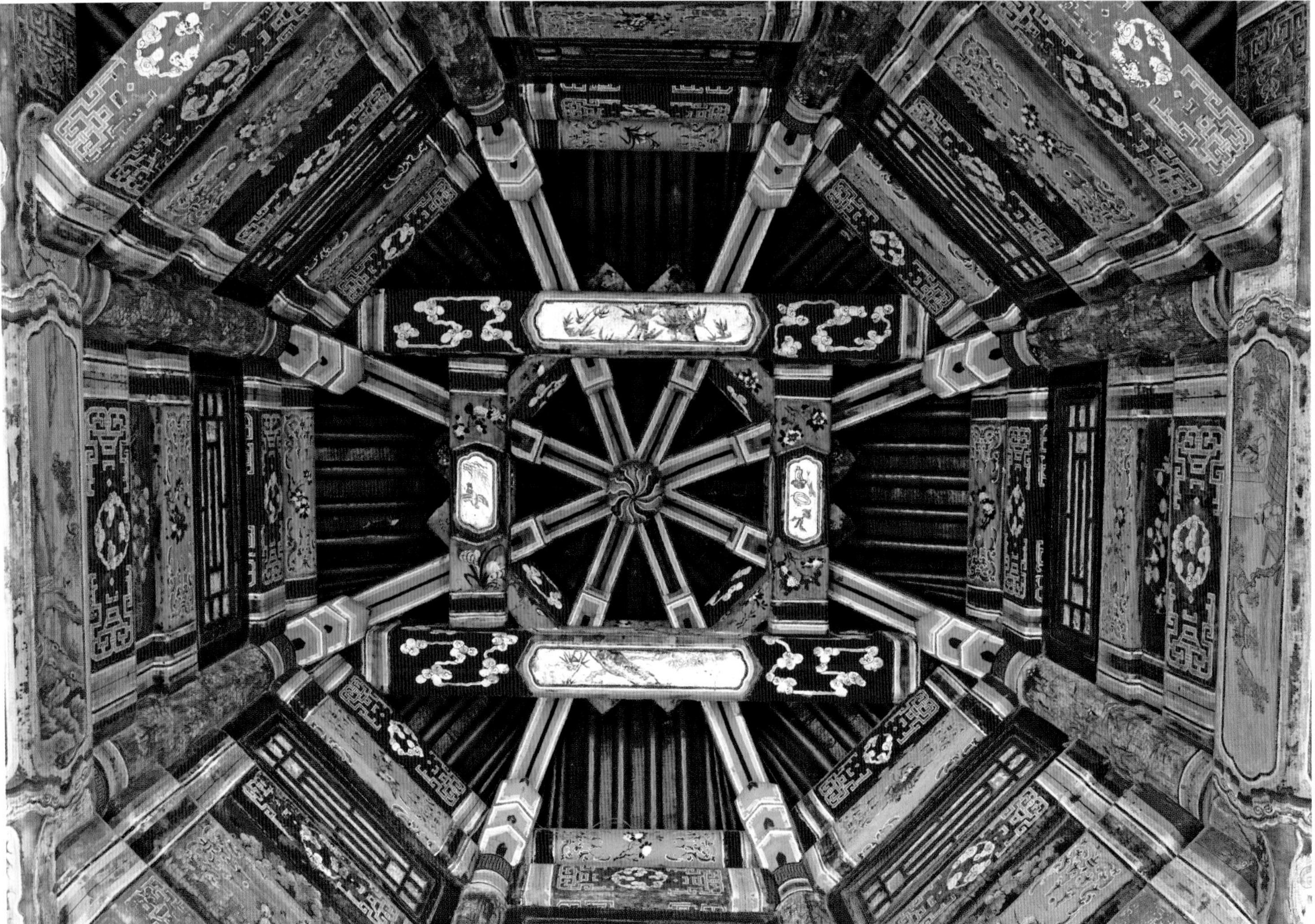

颐和园中亭上藻井，呈八卦形，构造一致，图案不同

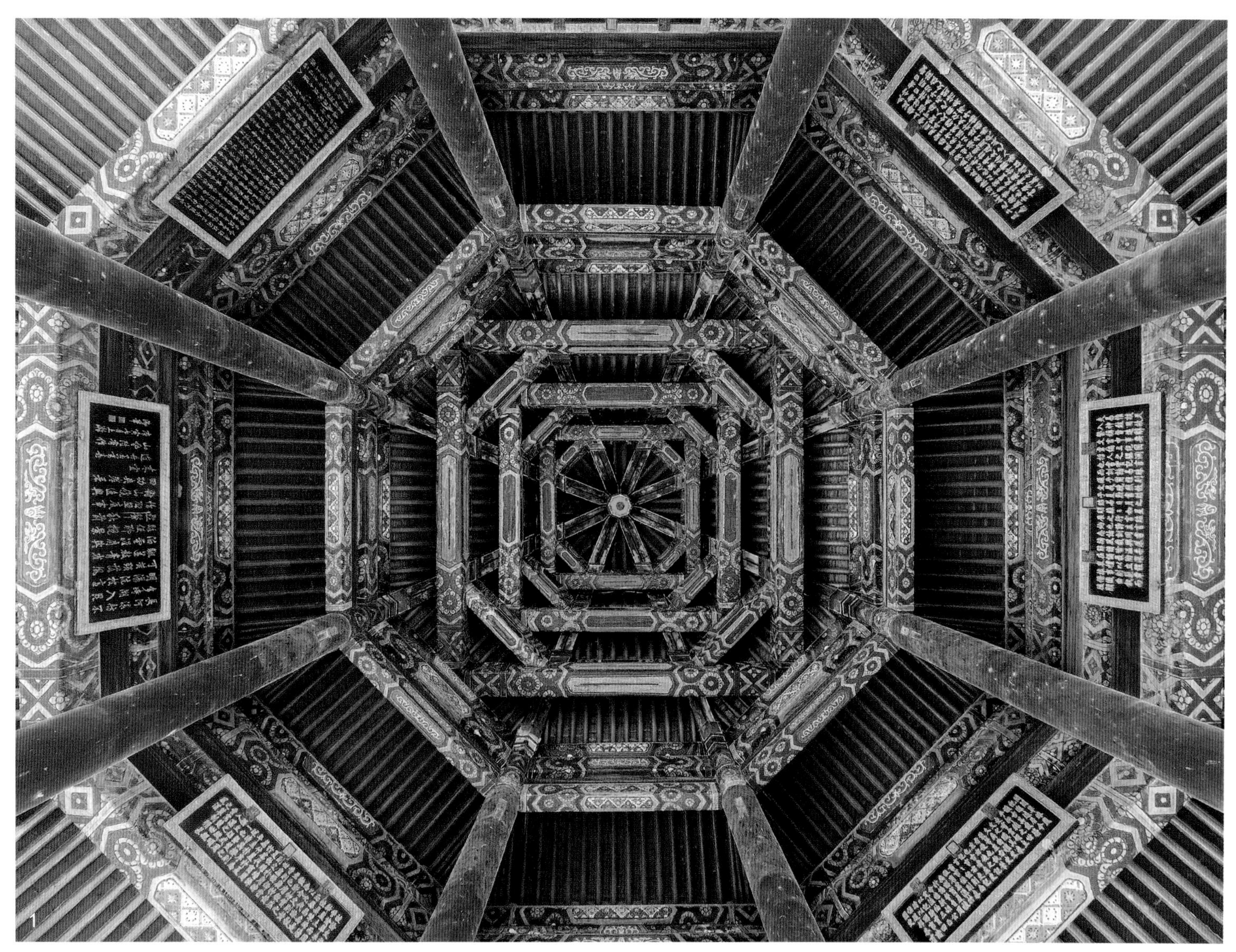

1~2. 颐和园廓如亭，中心藻井天花，平面呈八边形

晋祠难老泉亭子藻井

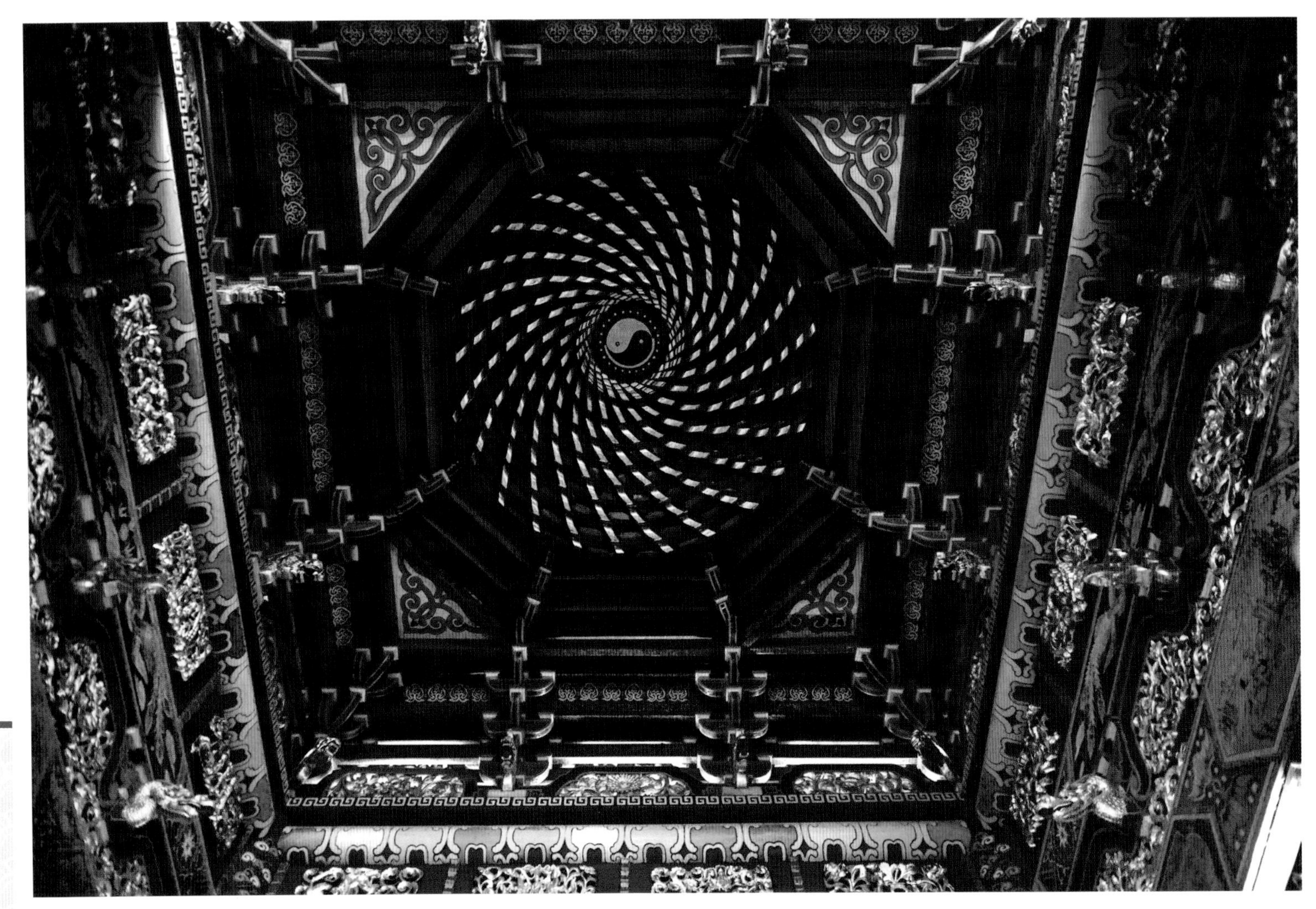

梅州灵光寺藻井，外方内圆，内层向上层层叠加呈螺旋式排布

宁波慈城古镇城隍庙戏台藻井，外方内圆，内层斗拱层层叠加，顶部为贴金牡丹

宁波天后宫戏台藻井，采用俗称“鸡罩顶”的放射状环绕波纹，红底贴金，富丽华美

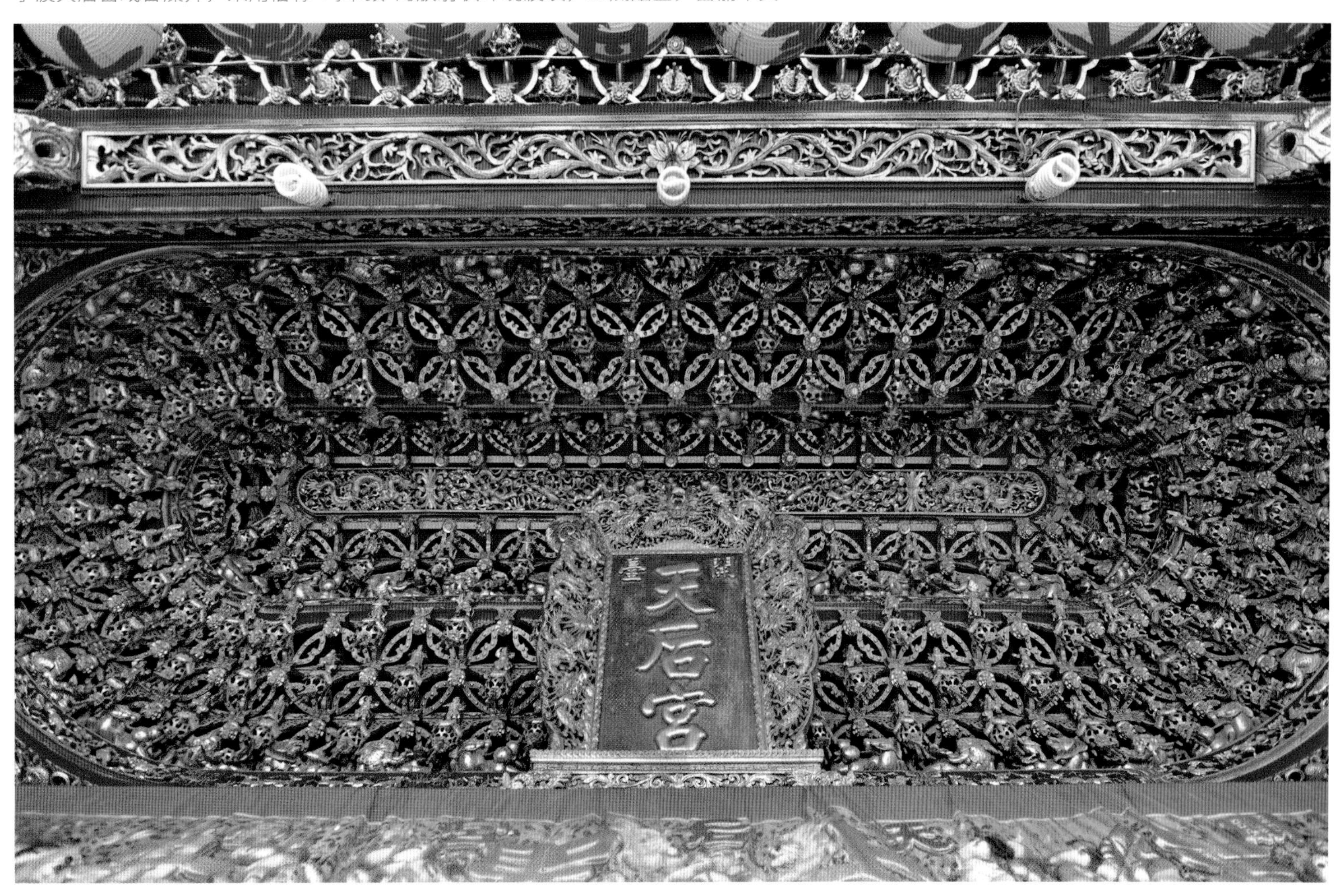

台湾天后宫大殿入门处藻井，呈椭圆形，层层斗拱出挑，向中心聚拢，装饰细密繁复

台湾天后宫大殿藻井，呈椭圆形，层层斗拱出挑，向中心聚拢，顶层以金漆人物故事木雕做装饰

台湾天后宫大殿藻井，呈方形，层层斗拱出挑，向中心聚拢

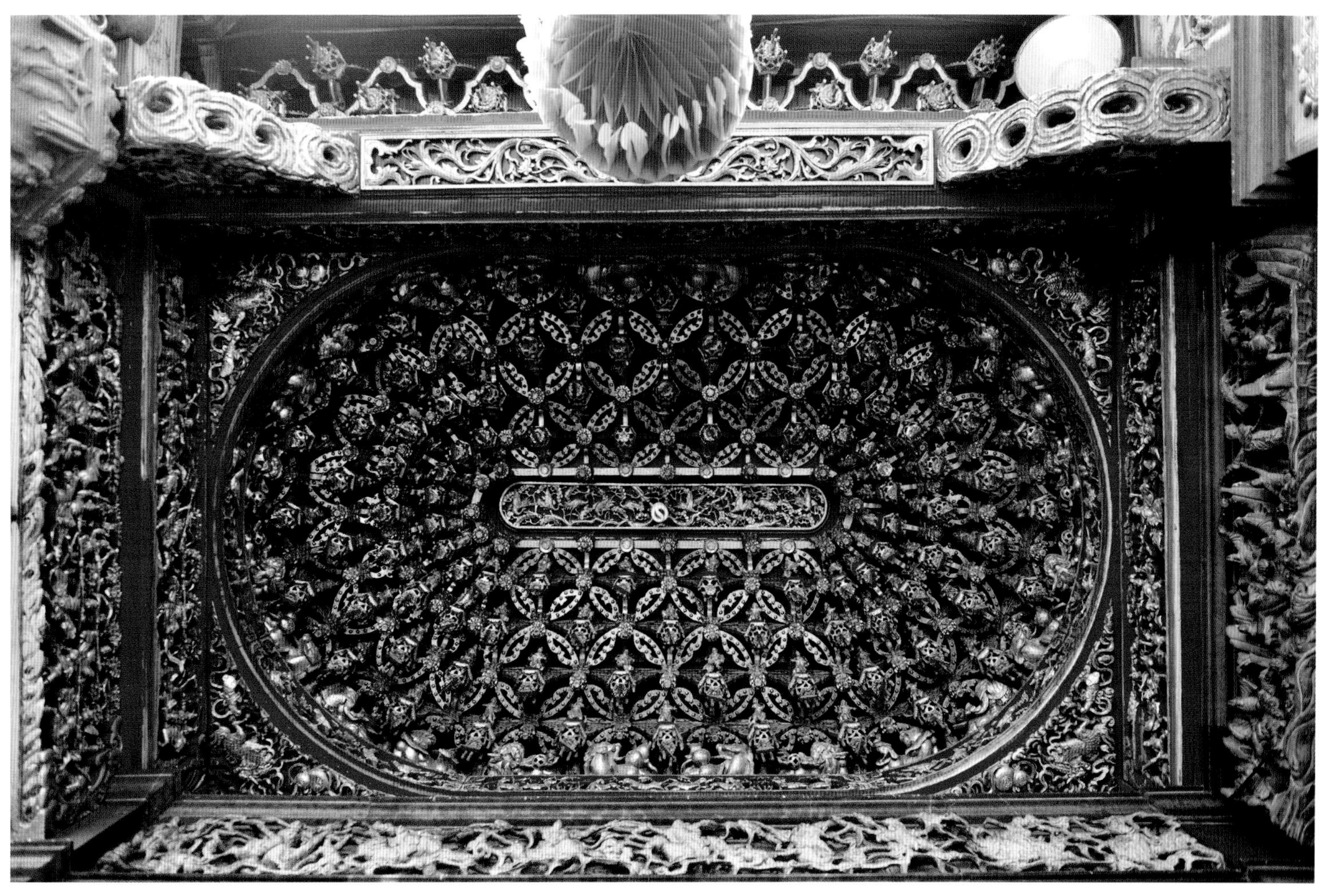

台湾天后宫大殿藻井

清东陵碑亭藻井

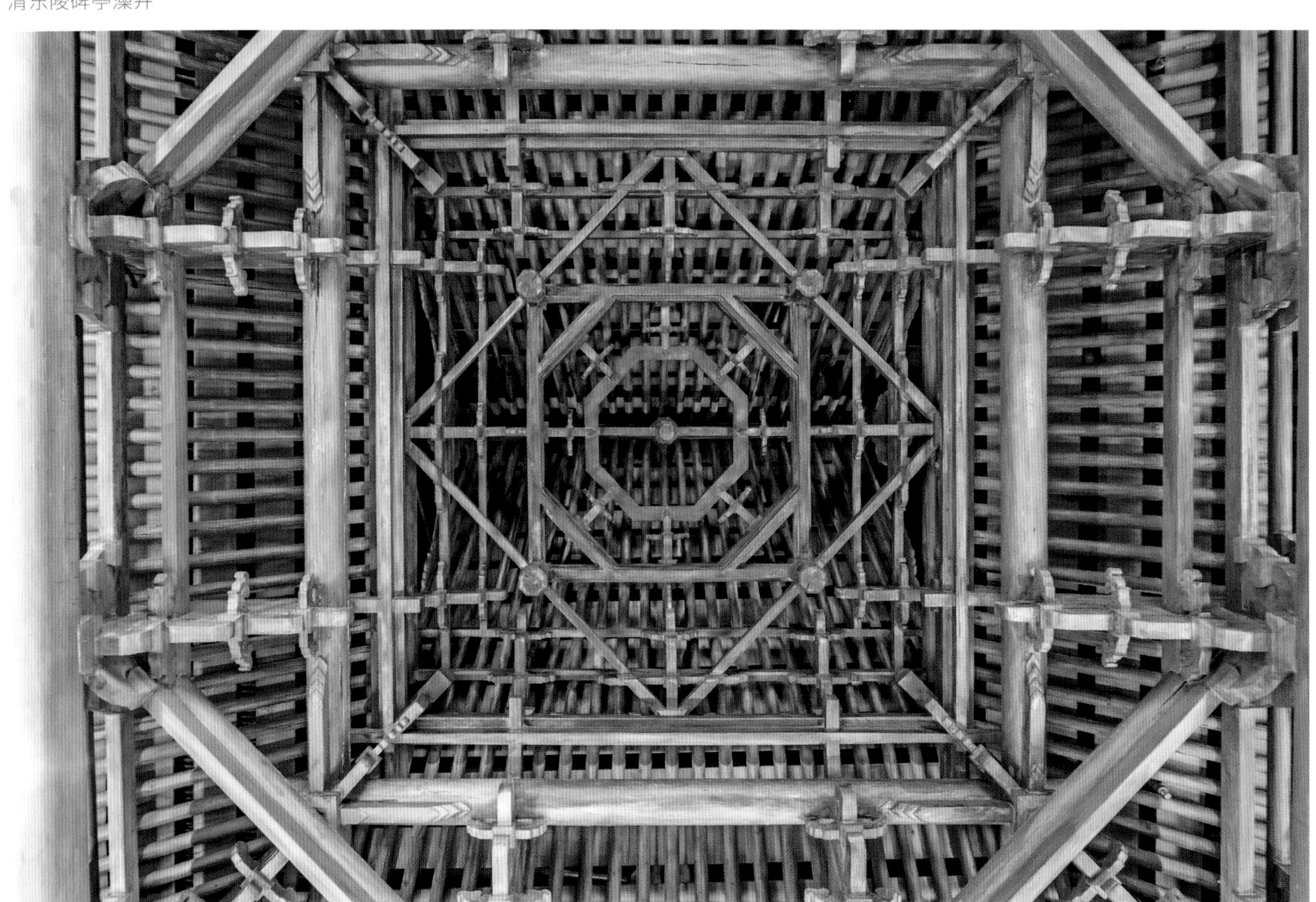

山西博物馆顶层结构，形似藻井

西安化觉寺清真大寺一真亭外观和藻井

温州碗窑村古戏台藻井，呈十二边形，斗拱撑托，层层向中心聚拢

温州碗窑村三官宫外部拜亭顶部为一长方形藻井

1~2. 温州碗窑村三官宫大殿共有一大三小四个藻井，入门处三个小藻井一字并排，从左向右分别为五边形、六边形、五边形。内部还有一个稍大的圆形藻井，小小的空间里集中这么多藻井，并不多见

3. 温州碗窑村三官宫殿内圆形螺旋式藻井。藻井直径约 4 米，高约 3 米，像个大铜钟罩，俗称“田螺钻”，旋型由 16 朵龙角形斗拱弯旋而上，每块小拱用硬木雕成“4”字形，共 265 块，连成龙角形，旋边四个角雕有四只大蝴蝶，翩翩起舞

门|窗|隔扇

两千多年以前的老子在他所著的《道德经》里说：“凿户牖以为室，当其无，有室之用”。户即门，牖即窗。门，供人出入和迎来送往；窗，用于室内通气和采光，这两者还承担着建筑围护与分隔的功能。

以木构架为结构体系的中国古代建筑，充分发挥和应用木材质地轻、强度高、弹性好、纹理美的优点，制成建筑的梁架、立柱与门窗，这些构件在制作加工中都进行了不同程度的美化和艺术的处理，从而使自然的木材具有了美的形式，形成为一种在建筑上的木文化。其中，门、窗由于所处的部位显著而成为表现木文化的重要部分。

自贡西秦会馆入口处的武圣宫大门和其后的献技诸楼采用传统会馆建筑戏楼的门楼倒座的形式，即背靠背而立，两面望去，自成独立建筑，而从基座到屋顶又穿插交错，形成一座不可分割的复合建筑。宽约 32 米的武圣宫，为四柱七楼牌楼式门，其上为歇山屋顶，正中置瓦制宝顶一束，屋顶下左右飞出两列翼角，颇似一“人”字形飞雁队列，腾空而起，直入蓝天

安徽潜口程培本堂门扇上的横披、挂落，以及门窗整体都精雕细刻，并镶嵌风景人物的精美图案，显得非常华美

门、窗在中国古建筑中虽然属于小木作，但对中国人来说有着重要的意义，特别是门，往往彰显一个家族的身份地位，所以有“门面”“门第”之说，而结亲嫁娶，也要求“门当户对”。

宋代《营造法式》一书在小木作介绍中专门列举了各种门窗的式样、做法并附有图样。从这些记载和建筑实例中可以见到，当时的门窗不仅有了多种样式，而且还有了装饰，门窗上出现了用木棂条组成的各式花纹。明清两朝的建筑留存至今实例数量非常多，类型也非常丰富。有富丽堂皇的宫殿、坛庙门窗，精雅秀致的文人园林建筑门窗，生动活泼的乡土建筑门窗。原本单纯实用的门窗成了建筑装饰的重点，成了表现人文内涵的重要部位。

一幢建筑对外的门窗常见的有板门、隔扇、风门、槛窗、支摘窗、横披等式样。

安徽潜口程培本堂门扇上的横披、挂落，以及门窗整体都精雕细刻，并镶嵌风景人物的精美图案，显得非常华美

安徽胡宗宪故居天井周边的门窗都精心装点，窗户、挂落的图案清雅别致

徽商大宅院门窗的组合，雕刻极尽精美

南屏古民居门窗都精心雕刻

安徽胡宗宪故居，天井四周的门、窗、通道的布局与装饰

南浔古镇张石铭故居的门窗装饰

南浔刘氏梯号门窗装饰

门

唐代大诗人白居易《伤宅》云：“谁家起第宅，朱门大道边？”朱门指的是高门。从古至今门户都要与主人的社会地位相称。明朝初年，朱元璋颁诏申明：“亲王府的大门丹漆、金钉、铜门环、门钉用九行七列共六十三枚；公主府大门绿漆、铜门环，而门钉减少两列用四十五枚；公侯门用金漆、锡门环；一、二品官府内用绿漆、锡门环；三至五品用黑漆、锡门环；六至九品用黑漆、铁环……”可以看出从帝王宫殿的大门到九品官的府门依次是红门、金钉、铜环；绿门、金钉、锡环；黑门、锡环；黑门、铁环。从门的颜色上分是红、绿、黑，从门环的材料上分是铜、锡、铁，由高到低，等级分明，甚至连官邸大门用的油漆都做了严格规定。

1. 余荫山房的八边形门

2. 夕佳山民居的月洞门，装饰缤纷华美

3. 关麓瑞霭庭天井中的门扇与窗户，给人“庭院深深深几许”的高门大户封闭之感

《易系辞》说：“阖户谓之坤，辟户谓之乾，一阖一辟谓之变，往来不穷谓之通。”意思是说，关起门来，室内空间幽暗封闭，就是“坤”，亦即“阴”；打开门时，阳光射入，顿觉开敞明亮，就是“乾”，亦即“阳”，随着门之开闭，室内外空间阴阳变化，无穷无尽。门和窗在一开一合中，实现了对室内外空间的交流和阻隔。在传统风水理论中，户门是宅院的咽喉，《阳宅正宗》称：“门为一宅之主宰”。阳宅相法中每有“气口”之喻，在住宅中蕴藏生气，故门是极重要的。

门是居室的出入口，门还具有防卫、隐蔽的作用，是一种安全设施。关上门，外人无法窥视室内；插上门，则能控制出入，保障居所的安全。门还有界定空间的作用，门外是外部空间，门内是内部空间。在不同位置的门有不同的作用和称谓，按功能空间可分为城门、宫门、殿门、山门、宅门、居室门等。按门的造型与功能又分为牌坊牌楼、门楼、垂花门、乌头门等。按门的性质还可以分为板门与隔扇，板门有实踏门、攒边门、洒带门与屏门等；隔扇有风门与碧纱橱等。

3

查济二甲祠五凤门楼，门头精雕细刻，显示出修祠堂的家族当时财雄势大

祁县商铺大门，装饰古色古香

西递东园厅中的门窗皆精心装饰，两边的门窗造型各不相同

关麓吾爱吾庐的内院，正面隔扇门拼花精美，两侧走廊一边是画卷门，一边是树叶门，显得别出心裁

宅门的形制

大门是建筑物的主要出入口，安装在院墙门洞或大型建筑的门楼之下。大门用材坚固，用料厚重，一般做成板门，具有良好的遮蔽与防卫性能。门板可以用木料，也可以用铁类材料，或者是木包铁、包铜，甚至贴金等。宅门作为中式院落的门面，常给人最为直观的第一印象，无论从造型、结构，还是雕刻、装饰，都是中国古建筑艺术最为集中的体现。

中国古建筑宅门中最常见的是屋宇式大门和墙垣门两种。屋宇式大门基本形式与房屋类似，采用梁架结构，上承屋顶，盖瓦起脊，是独立的单体建筑。按形制大小和等级高低可分为王府大门、广亮大门、金柱大门、蛮子门和如意门。而墙垣门等级最低，形式简单。

1. 康百万庄园门楼，双层楼高，门前狮子守护，显出高门大户的森严

2. 常氏庄园内院的中门，分隔前后院

柳氏民居司马第九层斗拱门楼，气势高阔，显出门第高贵

皇城相府房门，隔扇正中装有门帘架

常家庄园厢房，门窗连在一起设计

安徽胡宗宪故居角门，雕刻精美

南屏古村保留了众多古民居，门扇上的雕刻纹样丰富多彩

川西民居雕刻陈列馆透雕门板，玻璃镶嵌，造型优美

紫园五凤门楼，气势高昂，雕刻华美

宅门主要部件

一扇门看上去很简洁，其实构成的配件相当多，这里以四合院的大门为例，其零配件相当复杂，仅营造名称就有门楼、门洞、大门（门扇）、门框、腰枋、塞余板、走马板、门枕、连楹、门槛、门簪、大边、抹头、穿带、门心板、门钹、插关、兽面、门钉、门联等。以下对重要部件进行简要介绍。

门扇（门板、门钹、门钉、看叶）

门板：门扇结构中用于关合的大木板叫门板。在安装时，以门枕石为轴，门上装联楹，以门簪来固定在大门框上，在门轴的转动中，门板可自由开合。

门钹：门钹成对安装在大门正面居中位置，因形状如同民乐中的钹而得名。来客可敲击门钹来通告主人，在官宦人家，门钹常做成兽面，亦称作“铺首”，民间认为有驱妖避邪之功用。

门钉：门钉开始只起加固作用，因门板多为拼合而成，在结合部安装门钉来加固。在清代，门钉数量也是主人身份的象征：亲王府制，门钉纵九横七；世子府制，门钉减亲王七之二；郡王、贝勒、贝子、镇国公、辅国公与世子府同；公门钉纵横皆七，侯以下至男递减至五五，均为铁制。

建水古城文庙先师庙大殿的门扇，门上高浮雕的云龙形态生动，工艺精湛

门框（含上槛、联楹、门枕石、门簪、门槛）

下槛：下槛是紧贴于地面的横木，也叫“门限”。

门枕：门枕是下槛两侧安装及稳固门扉转轴的一个功能构件，因最初常雕成枕头的形状而得名，现在的门枕多雕成抱鼓石，外形优美，图案讲究，具有很高的艺术效果。

中槛：中槛作为大门上端的框架，横跨两根门柱，也叫挂空槛。横披则安装在中槛之上，讲究的还要在上面绘制图案。

王家大院门下部的横木为下槛

王家大院门上的横披，因为是窑洞式建筑，门洞上为半圆形，横披也做成半圆形

芦苞胥江祖庙门枕石

常家庄园门上的横披，以竹、松、梅为主题，儒雅精致

门簪：门簪安在街门的中槛之上，用两个或四个，如大门的销钉结合在门框上，多用六边形，正面或雕刻，并饰以花纹图案，也可写“吉祥如意”或“天下太平”等吉祥文字以保佑家宅平安。

婺源古民居门上的门簪

查济二甲祠的门簪

门斗

在建筑物出入口设置的起分隔、挡风、御寒等作用的建筑过渡空间。在冬日天寒之时在门之外加建一个临时方形小屋，用它来挡住寒风，这就是门斗。门斗是汉族在东北居住的民居，每到严冬，人们就将门斗安装在正房门前，与外门连接，用它来挡住寒风以免吹入屋中，这也是一种取暖的方式。

门头或门罩

通常是在门头墙上置屋檐，檐上铺瓦，可以遮挡风雨，保护檐下构件和门头上方的墙面。徽派门罩极具地方特色，常用青砖垒砌出不同的形状，在顶部砌出仿木结构的屋檐，并镶刻砖雕作为装饰。有的门罩上的砖雕多达九层。

门脸

走马板：古建筑的大门，将大面积的隔板，统称走马板。走马板常用于庑殿建筑大门的上方、重檐建筑棋枋与承椽枋之间的大面积空间。

余塞板：大门的抱框和门框间，由于用了两根腰枋，有低于腰枋上皮的空档，为了隔扇这个空档，在其间塞入一层板，就是余塞板。

门帘架

古代居住用房隔扇形成的门洞还是太大，不利于冬日保暖、夏日防热。尤其在北方寒冷地区，隔扇门一般都带风门，所以古人又发明了帘架，即在开启的隔扇门外侧又贴附一层装修，相当于悬挂门帘的架子。

1. 五台山菩萨顶门帘架
2. 皇城相府门帘架
3. 五台山佑国寺门帘架

1~6. 王家大院各式门帘架雕刻内容都不相同，从花卉木石、奔腾骏马到民间故事，题材丰富

6

王家大院民居的门窗雕刻精细，每间的入口都设门帘架

门的装饰

门上雕饰的题材和内容是相当广泛而丰富的，它不但反映了古代传统的吉庆有余、招财纳福的内容，还表现了主人的信仰和理想，门上的装饰物有匾额、楹联、对联、门神、祈福避邪物、应时装饰等。

南京周园民居门前的装饰，门架上的雕工精美，两边墙身的装饰同样丰富

门头上雕刻装饰的内容大都为传统题材，动物中用得最多的是龙、狮子和蝙蝠，而代表“八仙”的八件器物（暗八仙），常被用在门头的横枋上，也是重要的装饰。门楣裙板上雕刻的八样祥瑞之物为和合、玉鱼、鼓板、磬、龙门、灵芝、松、鹤，称为“八宝图”，已成为建筑和器件的常用装饰画，包含着吉祥、祝福之意。其他具有象征意义的莲、桃等都是常见之物。此外，琴、棋、书、画、古玩器物、山水风景，甚至将表现传统戏曲内容的整幅雕刻也搬到了门头的中央，门前运用得最多的装饰物就是狮子，由于它性格凶猛，神态威武，常被用在门口当守门兽，除此之外，还因为“狮”与“事”谐音，因而组成了不少带有吉祥内容的题材，如两只狮子代表“事事如意”，如果加上钱纹则寓意“财事不断”，狮子和瓶在一起，则象征“事事平安”。

平遥古城店铺门前的装饰

门的装饰不仅限于是木雕，还有文字符号，中华民族是一个擅长运用文字来表达意念的民族，所以主人会在门头挂牌匾或者留门斗，门两边挂对联。匾额位于建筑物的檐下，用来体现主人的身份或点明建筑物的主题。楹联或对联位于檐下门前两柱之间，是集诗文、书法与雕刻于一体的构件，传达更多的观点与意境的描绘，常与匾额搭配，增加情调与趣味。

王家大院民居前廊柱上的楹联

皇城相府的门窗，前廊挂有楹联

窗

窗本作“囱”，同“窻”“窗”“牕”“牎”。古人在古建筑中置窗，主要是为了“通”的功能，即通风和采光。《说文·穴部》云：“在墙曰牖，在屋曰窗。”段玉裁注“屋，在上者也。”这就是说，牖和窗意义相同，但位置不一样。窗专指天窗，是开在屋顶上的，而牖才是开在墙壁上的。到后来，窗和牖分别不甚分明，以至于渐渐通用。

唐代和唐代以前常常以直棂窗为代表。到宋代、辽代也做直棂窗，但是带图案的装纹窗逐渐地多起来了，金代大力发展隔扇窗，在三间房中两间的窗子即用直棂窗，下部修筑槛墙。而清代，除方格窗子之外还有槛格窗。横披窗用在檐下，它发展甚早，汉代已有。普遍用于民间的是地方性的方格窗和当地的吉祥如意窗。

四川春秋祠窗户上花鸟图案的雕刻极为精美，窗户上方的横板也满布雕刻

花戏楼旁边大院正殿的门扇

清晖园观景亭八面都是门窗围护，每一面都能享受大自然的风光，而清秀的窗棂纹样与彩色玻璃的装点，使门窗极具观赏价值

徽商大宅院窗棂，不同花卉图形的组合，纤细秀美

徽商大宅院的木雕，以“八卦”“太极”图案做装饰

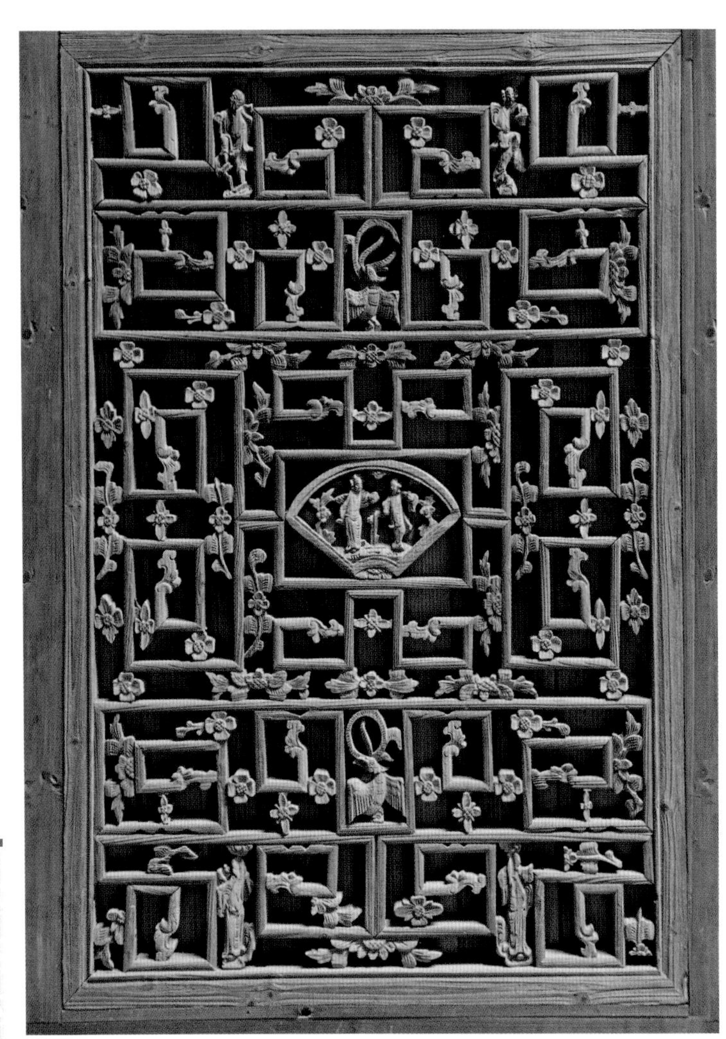

徽商大宅院的窗棂，装饰极尽繁复，中心图形为人物故事

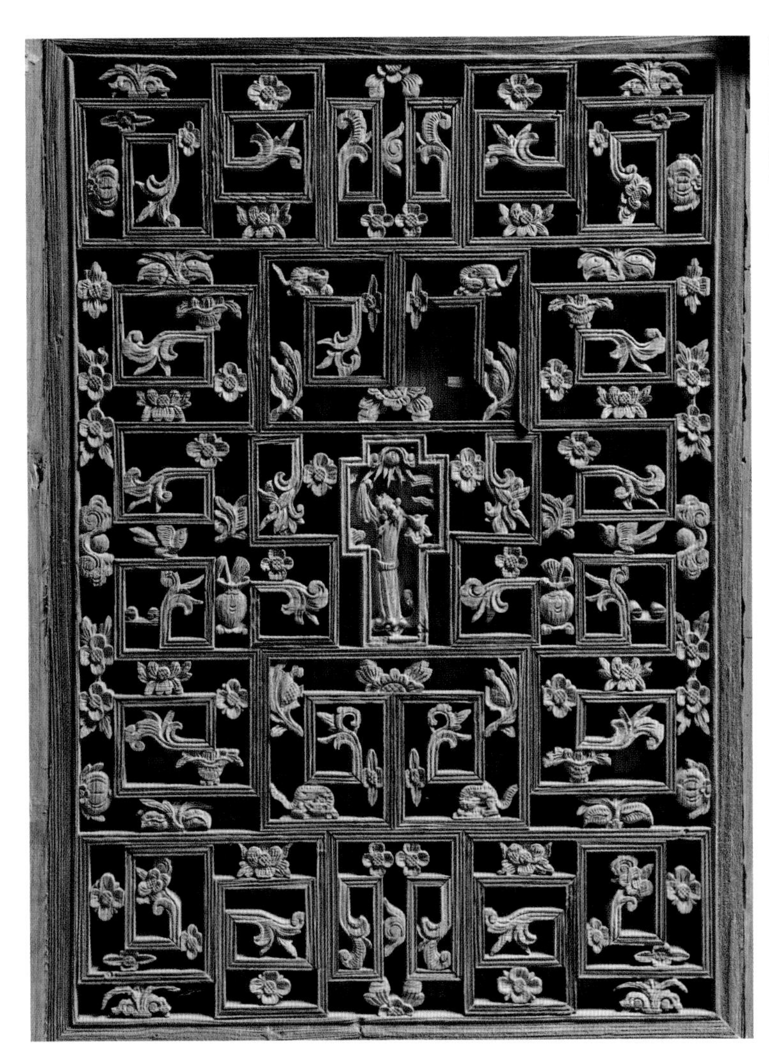

徽商大宅院窗棂，装饰极尽繁复，周边花卉宝瓶图案布局错落有致，中心人物图案有所不同

窗的形式

窗的形式多样，南北方称呼不尽相同，细部处理多有差别，主要有直棂窗、槛窗、支摘窗和一些空窗、漏窗。

左边单体为仙鹿几何纹题材窗棂，右边一组为婴戏花鸟窗棂

梅州黄遵宪纪念馆直棂窗

直棂窗

直棂窗：是用直棂条在窗框内排列，犹如栅栏一般的窗子。

破子棂窗：直棂窗的一种，其特点在“破”上。它的窗棂是将方形断面的木料沿对角线斜破而成，即一根方形棂条破分成两根三角形棂条。安置时，将三角形断面的尖端朝外，将平的一面朝内，以便于在窗内糊纸，用来遮挡风沙、冷气等。

一马三箭窗：也是直棂窗的一种，它的窗棂为方形断面。它的特点在于直棂上、下部各置三根横木条，也就是在一般竖向直棂条的上中下部位再垂直钉上横向的棂条，使窗户富于变化。

槛窗

槛窗：是一种形制比较高级的窗子，即在两根立柱之间的下半段砌筑墙体，墙体之上安装隔扇，窗扇上下有转轴，可以向里或向外开，常与隔扇门共用，有利于建筑通风、采光。槛窗的底边与隔扇门的裙板处于同一水平线上，其棂格纹样与隔扇门格心的棂格一般保持一致。

坡横窗：如果房间过高或者面阔过宽时，可在槛窗的上下或两侧加设横披窗或余塞窗。

横披窗：也叫横风窗、横披窗，在较为高大的房屋墙体上，装在上槛和中槛之间一般是做成三扇不能开启的窗子。

广州陈家祠槛窗排列细致，透光看出去时，玻璃上的图形精致夺目

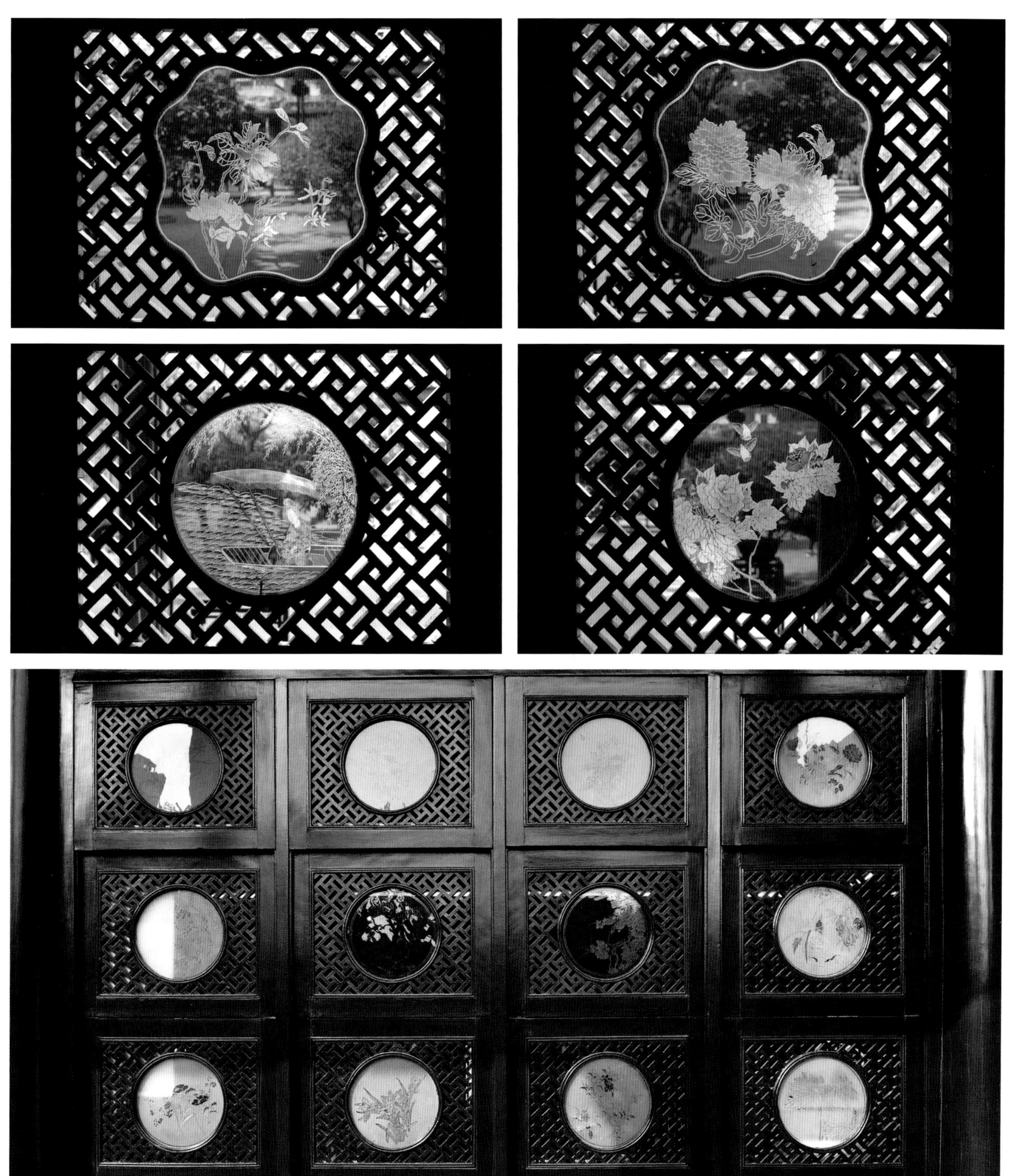

漏窗

有时也叫花窗、空窗，这是一种形式较为自由的窗户，一般不能开启，可以透过漏窗看到另一边的景色。它在空间上与景物间，既有连通作用，也有分隔作用。漏窗内多会装点镂空的图案，本身就是极美的装饰。

1. 佛山梁园观景亭中设的漏窗

空窗

空窗，又叫窗洞，一般只有窗洞而没有窗棂和窗扇。空窗往往只有一个框，造型多样，用于框景，或增加景深之用。透过空窗，景物被切割成相对独立的单元，如同墙上挂了幅画，创造了小中见大、虚实相见、画中有画的景观效果。

2. 扬州何园园林中的空窗

花窗

虽然漏窗也有叫花窗的，但实际上花窗与漏窗还是有些不同。花窗一般指在窗洞内雕塑出花草、树木、鸟兽或其他优美图案，装饰性与艺术性更强。

3. 木渎古镇虹饮山房的花窗

什锦窗

什锦窗是一种漏窗，常常是一组一组的安排，而且窗户变化多样，所以得名什锦。什锦窗无论是造型还是色彩，本身都极具装饰性，还可以沟通内外的空间，借调外部景致，以及作为取景框等。一般分为镶嵌什锦窗、单层什锦漏窗、夹樘什锦窗三种形式。什锦窗的外形在花式上有扇形、三环形、套方形、梅花形、方胜形、玉壶形、银锭形等。

颐和园漏窗，形态各异，以玻璃隔开，上面彩绘花鸟图形，阳光透过，更添美丽

护净窗

安徽等地的一种窗型，也叫女儿窗。是加在卧室外面的一层外窗，其功能是避免从室外能直接看见卧室内的女眷及物件，故又名“小姐窗”。护净窗呈长方形，分上下两段，上段有两扇可以开启的窗户，窗户四周为透空的花格装饰；下段为实心的雕饰花板，其高度相当于正常人的身高，故能挡住外人的视线。由于雕饰精致，装饰性强，在徽州古民居中又称“花窗”。

1. 关麓村古民居的护净窗雕刻精美

2~3. 卢村志诚堂以雕刻图案精美闻名，护净窗虽小，花形细腻，人物生动，雕刻一丝不苟

窗的装饰

与西方古建筑相比，由于中国古建筑多为框架结构，窗也就较少受功能上的限制，更多的是具有审美功能，因而中国古建筑中窗的式样和图案变化要灵活和丰富得多。我国古代诗词很早就表达了对窗的审美意识，如“绿窗春梦轻”（陈克），“午窗残梦鸟相呼”（王安石），还有《红楼梦》中林黛玉的《秋窗风雨夕》云：“寒烟小院转萧条，疏灯虚窗时滴漏。不知风雨几时休，已叫泪洒窗纱湿。”窗已经成为体味自然变化，捕捉天籁的桥梁。

顺德清晖园，窗下栏板装饰“暗八仙”图样

南京周园周家大院的彩雕窗户与下面的窗板，雕刻细致生动

网师园看松读书轩，每一扇窗都是一个画框，框住窗外的园林小品

网师园濯缨水阁窗花雅致

网师园冰裂纹的花窗，优雅细致

网师园的窗户造型优美，窗外一圈雕刻成缠绕的藤条

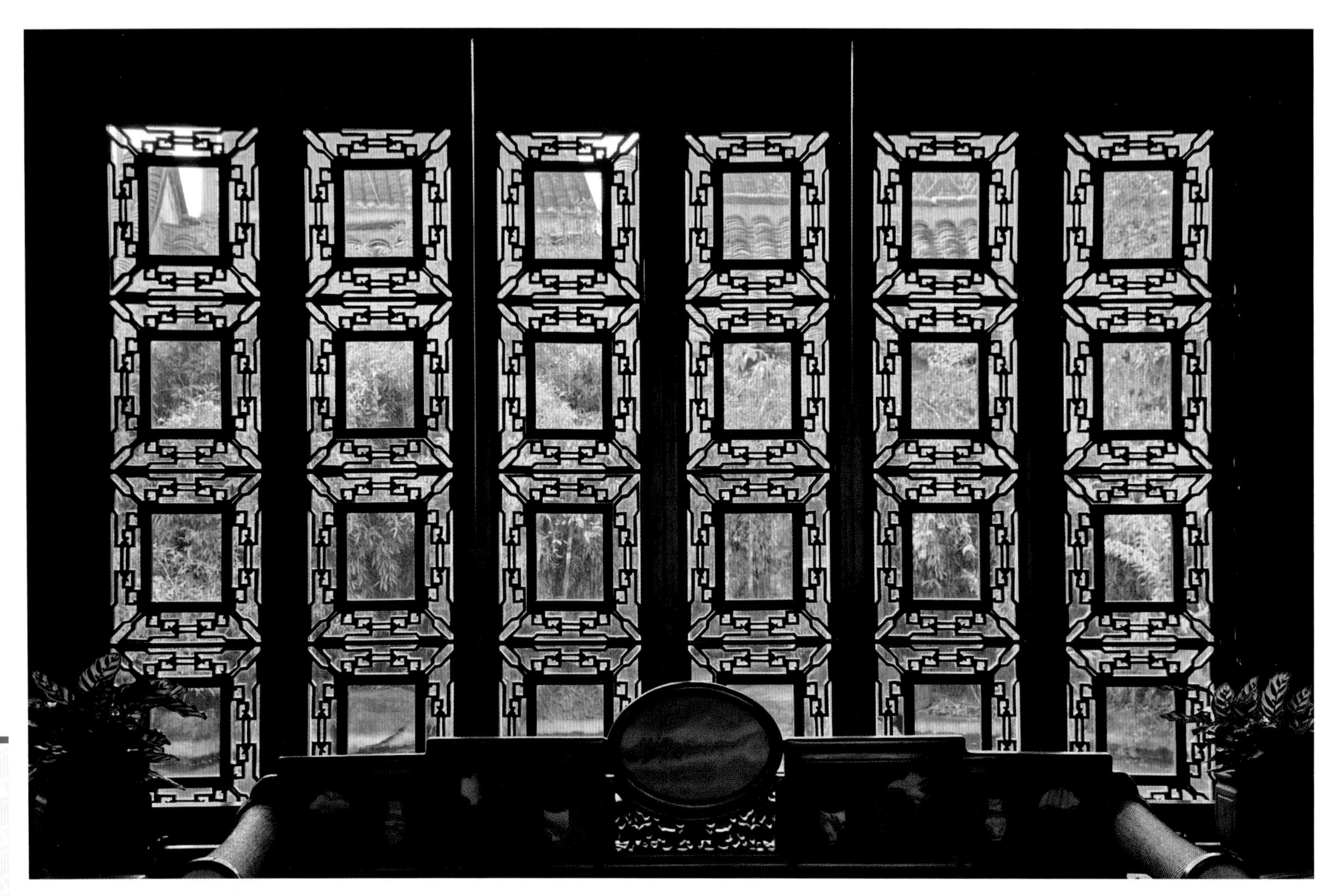

惠山古镇惠山园窗户窗镂图形别致，将窗外风景装点成画卷

扬州何园窗外风景如画

中国古代门窗的文化内涵是由门窗纹饰与图案表现的，门窗的装饰也体现了房屋主人的审美情趣、身份地位和财富。古代富贵豪门的门窗一般用上好的楠木、柏木雕成，上百年都不变形，经过长年使用反而被浸润得更加油亮。

南屏慎思堂护窗板上以戏曲故事为题材，人物雕刻极为生动，下面的花卉清雅怡人

在雕刻手法上也颇为繁复，门、窗、隔断每个部件都饰以不同的图案，最为典型的是吉语类的福（蝙蝠）、禄（梅花鹿）、寿（麒麟）、喜（喜鹊）、牡丹、兰花等传统的雕刻图案。有的人家在花窗上还贴有薄薄一层金箔以显示富贵，这些金箔历经百年现在仍清晰可见。读书人家的门板等处雕有诗词书画，信佛的人家门板上刻有云锣伞盖、弥勒佛等佛教图案。一般来说，从门板上就可以大致判断出这家人的出身、喜好。

1. 南屏村雕花楼的窗户，凤凰、麒麟极为立体，沥金装饰更显富丽

2. 徽商大宅院窗户上的拼花细致，格心的人物景观精练，护窗板博古宝器雕工细腻

花窗花板按照木质可以分为楠木、樟木、柏木、黄杨木、龙眼木、红木等，根据木质不同，雕刻手法和表现形式多样，比如圆雕、浮雕、线雕、透雕等。

徽商大宅院护窗板上以生活场景为题材，人物悠闲自在，如同世外桃源

几何图案

凡用各种直线、曲线以及圆形、三角形、方形、菱形、梯形等，构成规则或者不规则的几何纹样做装饰的图案，统称为几何图案。几何图形因为规律性强，富于节奏韵律，所以是最简洁也是最有效的装饰手法，可以是一种几何图形重复组合，也可以是几种图形互相组合，变化多样。

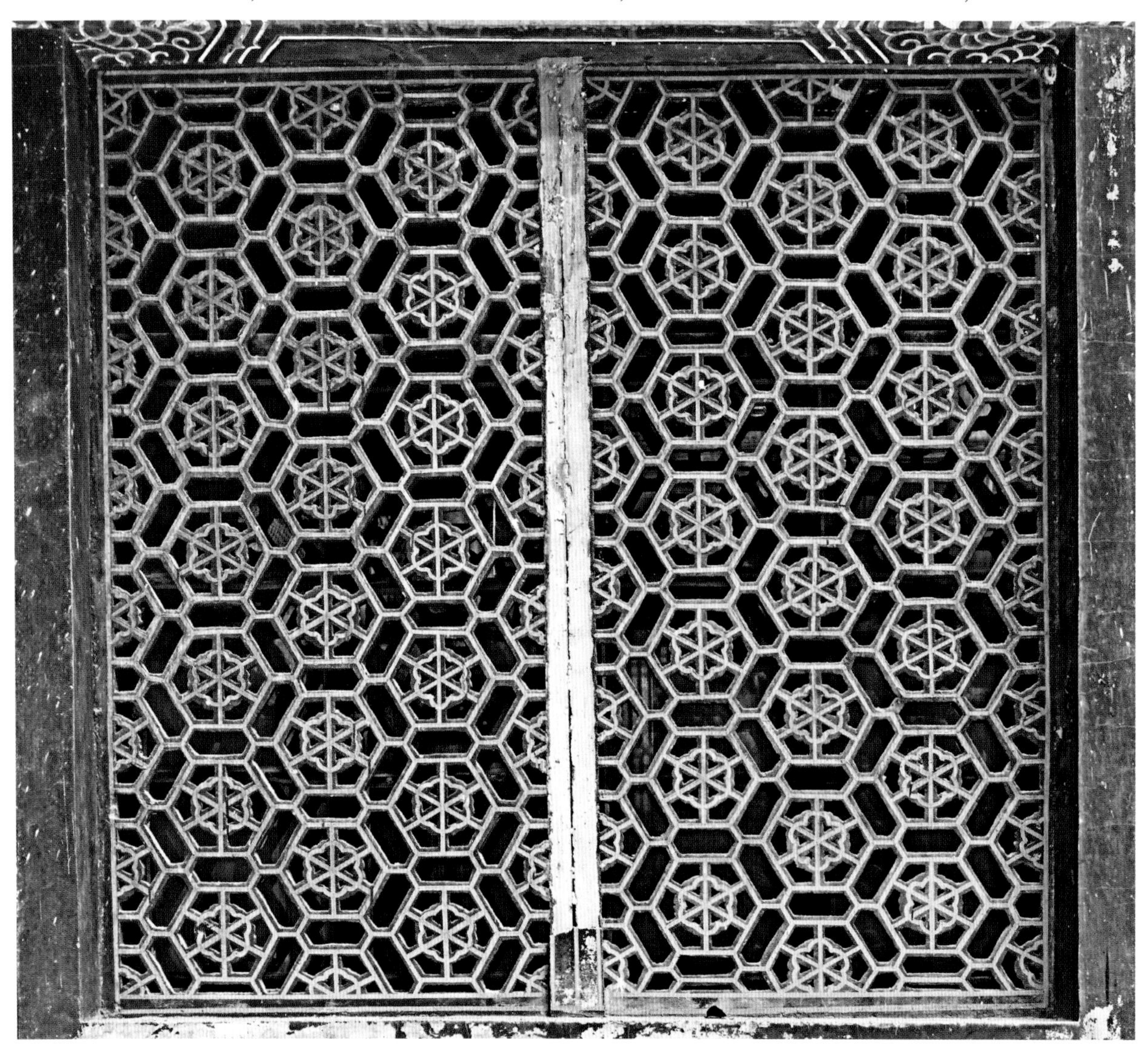

阆中大佛寺内大象精舍建筑木窗

郑营村陈氏宗祠窗户上的抽象雕刻，图形简洁，施以彩色，更显夺目

植物花卉

树木花卉是古代经常用的吉祥图案，古人赋予植物文学生命，注重各类植物内在的品质，加以倡扬。比如“梅兰竹菊”四君子，“松竹梅”岁寒三友等。在这里，植物的个性完全是社会道德规范的具体写照。在明清门窗中，出现了大量植物图案。

关中民俗博物馆雷宅窗户装饰精美，窗板下的“四君子”图清雅脱俗

安徽程氏三宅护板窗上的花鸟动物雕刻精美

胡宗宪尚书府的两扇窗户，护窗板以假山花卉为题材

山水风光、人文景观、建筑园林景观

在徽州古建筑中，天井常见的净护窗，本身拼接装饰已经非常丰富。许多窗外还有一层护窗板，也是装饰的重点，上面的图案千变万化，利于匠人尽情发挥。寄情山水的文人墨客、走南闯北的商贾，常把山水风光、人文景观、建筑园林景观融入家居空间的装饰之中。

1~2. 徽商大宅院净护窗，上层格心为暗八仙图形，下层护窗板为山水风光，亭台楼阁形态优美，山水景观留白，更具想象空间

3. 胡宗宪尚书第窗户上方雕刻简洁，而下方的护窗板上雕刻人物水上聚会场景，人物众多，形象生动

徽商大宅院窗下护栏板，山水风光，亭台楼阁，描绘美好画卷

飞禽走兽、虫鱼生物等自然界或传说中的动物

无论是十二生肖，还是传说中的麒麟、凤凰以及生物界的鹿、马、狮子、猴、百鸟、鱼虫都是匠人们创作的灵感之源。

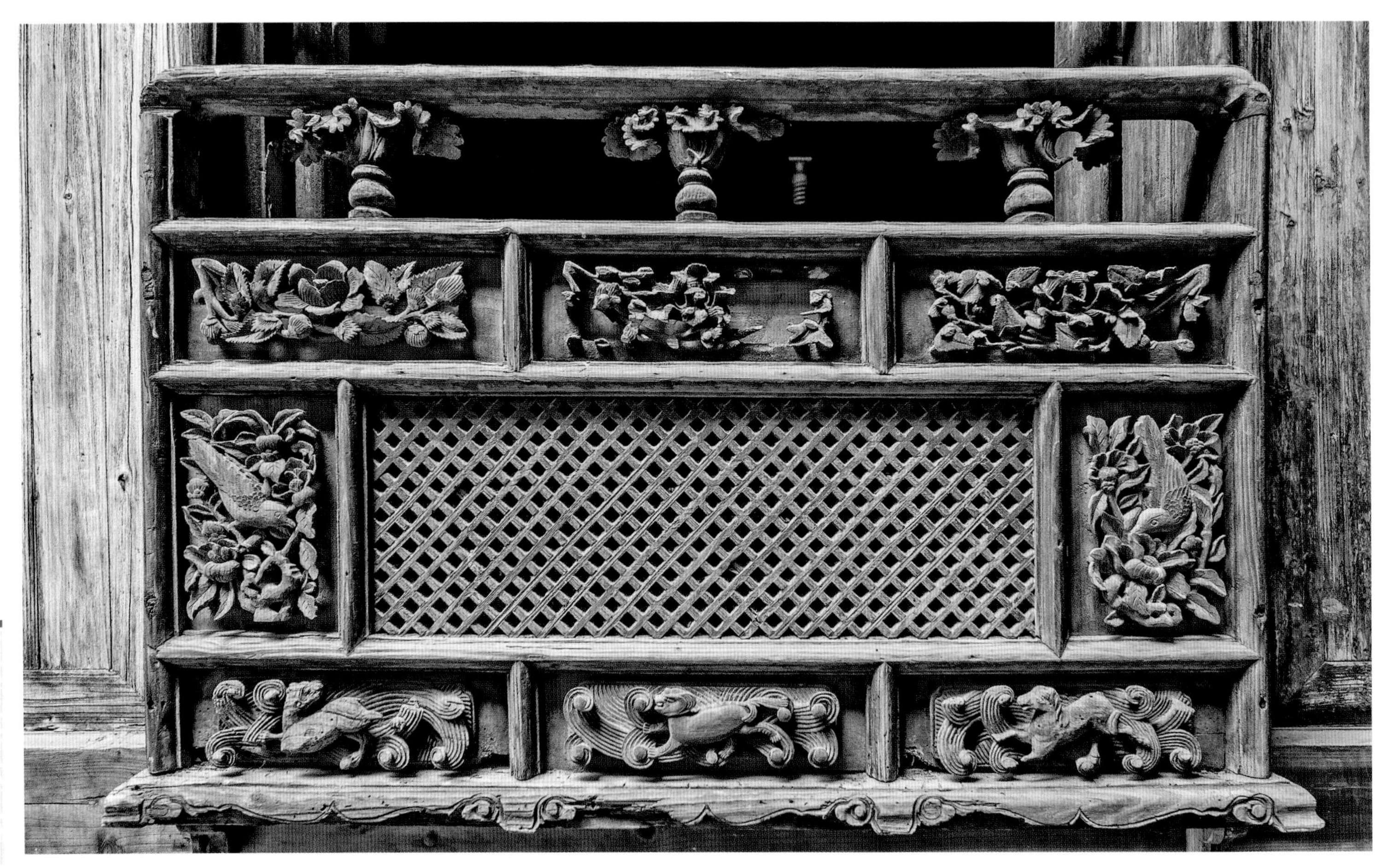

安徽程氏三宅护板窗上的花鸟动物雕刻

胡宗宪尚书府护窗板虽然不大，但人物故事、动物花鸟、祥禽瑞兽一应俱全

胡宗宪尚书府三扇窗户并列，长格的护窗板雕以简约的花卉图形

胡宗宪尚书府护窗板上的动物雕刻，形态各异，刀法熟练，朴拙可爱

俞源太极村窗板上雕刻龙、凤、牡丹，图形简洁，造型美观

潜口城仁堂护窗板上的麒麟，雕刻得生动活泼

俞源太极村窗板上雕刻龙、凤图形

俞源太极村窗户上面博古宝具，雕工精美

关中民俗艺术博物院窗户棂条拼接细腻，窗户下方的鱼类装饰朴拙有趣

徽商大宅院窗户上的抽象图形拼成“十字”花朵形状，密集而有韵律

徽商大宅院窗户，护窗板上精雕博古宝器

胡宗宪尚书府护窗板上的博古宝器图形

徽商大宅院护窗板上的博古宝器图形

吉祥图腾、抽象图形

祥云、藤蔓、“万”字纹、荷叶边、十字锦等抽象图形也会运用到装饰图样的创作中。

呈坎古民居天井四周的门窗，其中窗户图案为多种抽象图样组合

徽商大宅院四扇窗并列，以增加室内采光，护窗板上抽象图案简洁大方

关中民俗博物院古民居的窗户，由抽象图形组成

人文习俗、道德规范、民间传说、戏曲故事等人物为主题

“二十四孝故事”“渔樵耕读”“百忍图”“郭子仪上寿”“八仙过海”“三国演义”是民间装饰长盛不衰的热门题材。

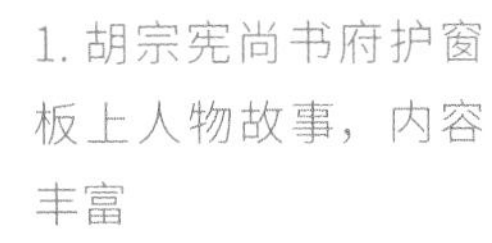

1. 胡宗宪尚书府护窗板上人物故事，内容丰富

2. 永康前仓镇厚吴村司马第窗户图案繁复细致生动

徽商大宅院护窗板上人物众多，布局均衡

紫园护窗板上生活图景，山水悠远，人物闲适

紫园护窗板人物众多，但姿态各异，极为生动

俞源太极村窗板上人物形态生动

俞源太极村七星楼护窗板上的雕刻以人物故事为题材

关麓村古民居护窗板上的人物故事雕刻，衣履细致生动

屏山有庆堂护窗板上的人物雕刻

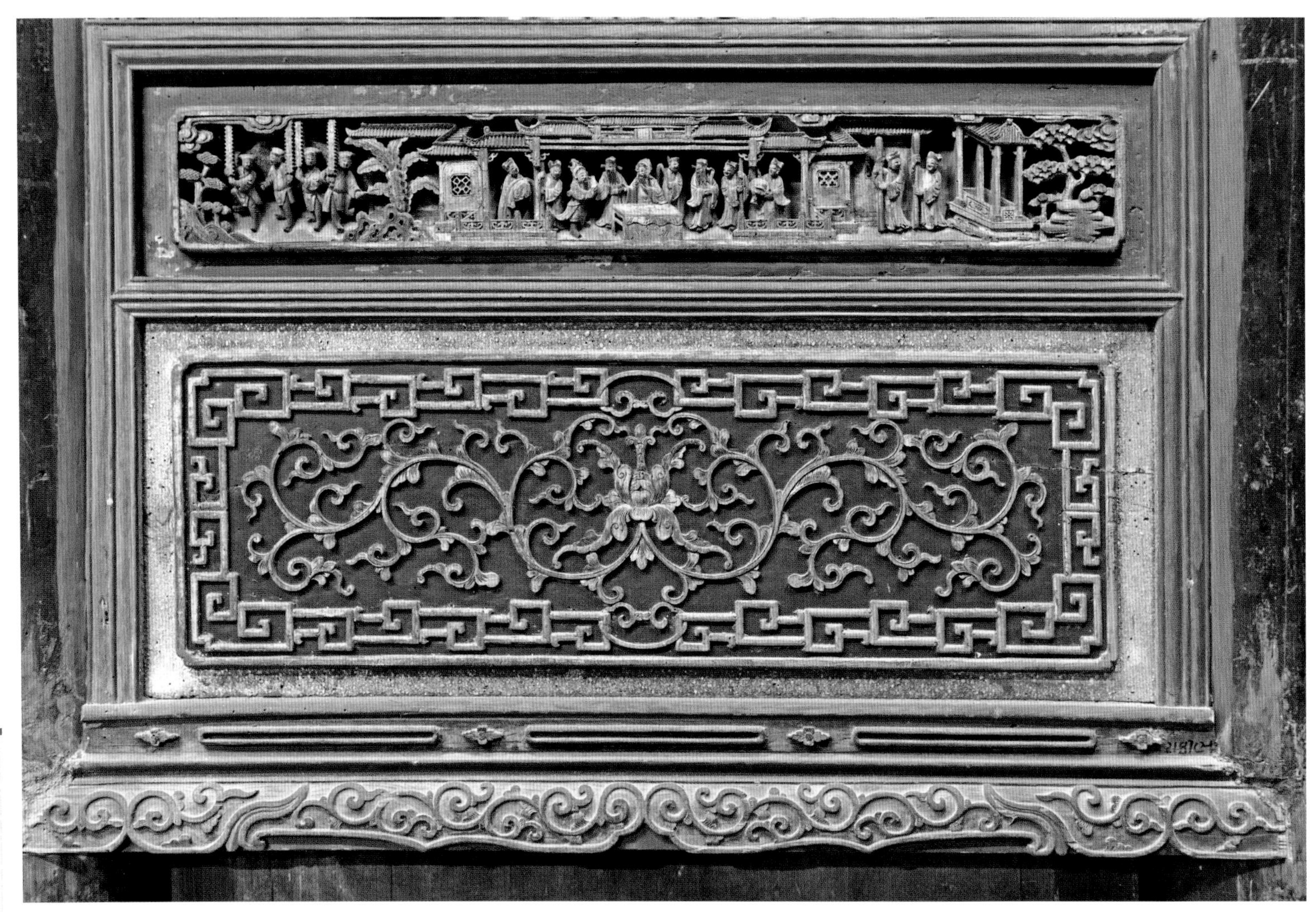

池州秀山门博物馆窗下护栏板，上方为戏剧故事，人物众多，但神态雕刻细致

安徽源泉文化民俗博物馆展品，窗下护栏板，中心为戏剧人物故事，外围装饰别具一格

徽商大宅院窗下护栏板，描绘文人墨客悠闲生活，雕工深刻立体，特别是松树从平面上突起，近乎圆雕，层次丰富

以文字为图形的窗户装饰，常见的有喜、寿、福等吉祥字样

呈坎古民居天井四周的门窗，其中窗户多种图样组合，下方的“双喜”字样较为少见

永康厚吴村存诚堂窗户中间拼成“寿”字纹

顺溪古民居陈有相大屋窗户中间窗棂拼成“寿”字图样

南浔刘氏梯号窗上的文字显得别有雅趣

俞源太极村祠堂圆形窗，中心为“福”字

梅州黄遵宪纪念馆窗上的“寿”字图形

隔扇

隔扇是门窗中最常见的式样，根据位置、用途的不同，可分为隔扇门、隔扇窗，以及隔断、纱隔等。北方因气候寒冷，使用门窗的面积和数量相对较少，而在南方地区因气候潮湿多雨，所以在建筑中大量采用集墙、门、窗多种功能于一体的隔扇。

徽商大宅院民居隔扇门，不论是格心、绦环板，还是裙板都精雕细刻，汇集了 24 组人物故事，美不胜收

徽商大宅院民居隔扇，长条形格心内，以人物故事为主体，周边分布花鸟鱼虫等形体，构图精巧、雕工细致、形象立体，堪称精品

隔扇又称格子门、阖扇。隔扇的基本形状是用木料制成门框，木框内分为三部分，上为格心（也称花心、棂心），这是用来采光与通风的主要部分；中间为绦环板，因接近人的视线，所以是木雕装饰的重点部位；下为裙板，有的装饰简朴，有的雕饰厚重繁复，视建筑的规格档次而不同。在宫殿、寺庙等大型殿堂上，往往在正面所有立柱之间全部安装这类隔扇门。两柱之间的下半段砌砖墙，墙上安隔扇，则成为隔扇窗，它只有隔扇上部的格心与绦环板部分。

徽商大宅院民居隔扇，格心、绦环板装饰细密，特别是格心部分，中心图案人物故事造型生动，底图以一个个圆形构成，圆内雕刻的是一只只形态各异的小鸟，每一个细节都值得细细品味

徽商大宅院民居隔扇，格心部分雕刻尤为精彩，以花鸟图案为底，中心菩提叶框内，枝叶姿态舒展，动物充满活力

徽商大宅院民居隔扇

潜口万盛记隔扇，格心上图案繁复，花卉图形镶嵌其间

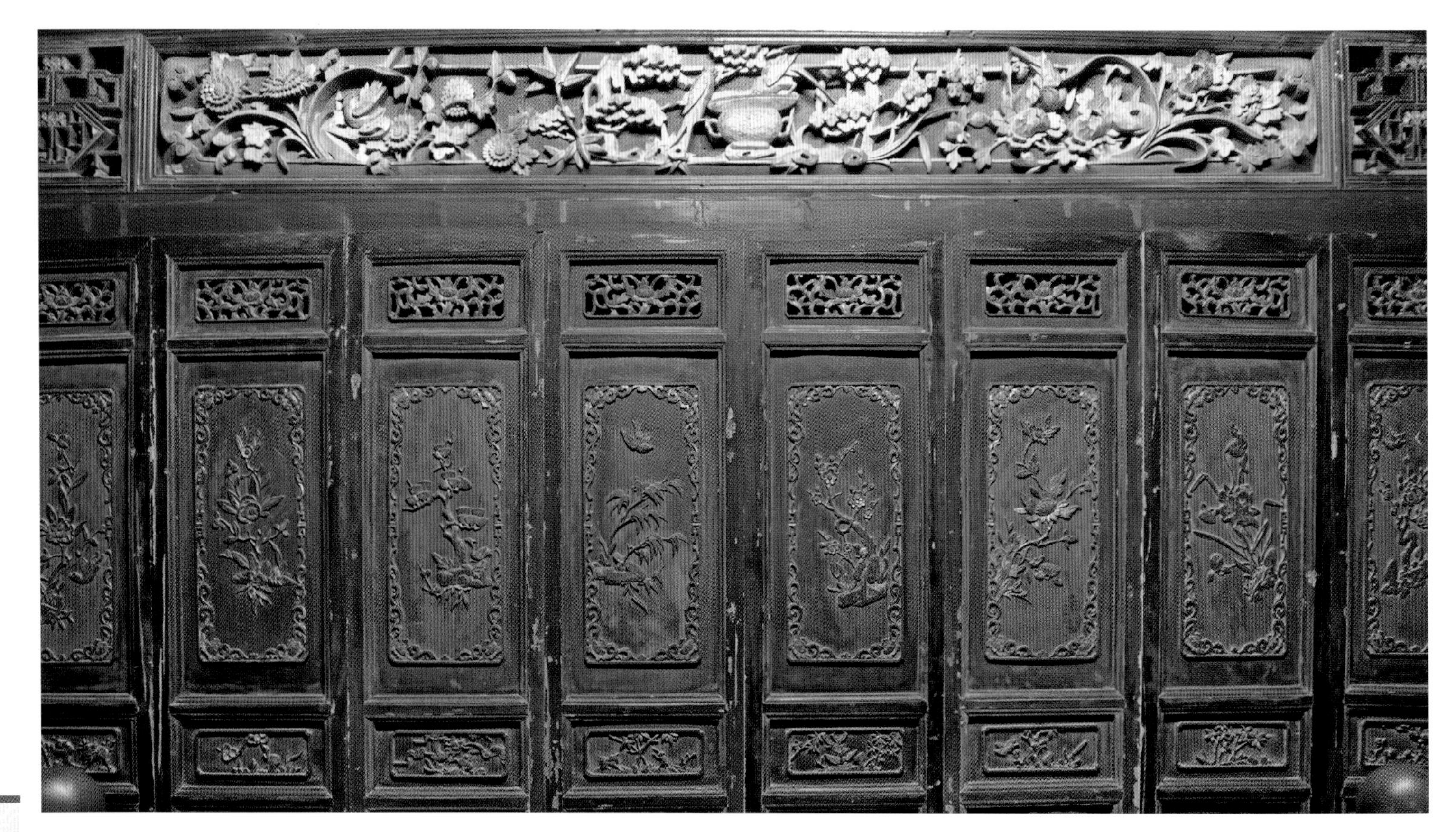

池州秀山门博物馆隔扇，以松、竹、梅、菊等自然花卉为题材，图案清新秀丽

徽商大宅院民居隔扇，格心、绦环板、裙板均雕刻细致花纹

徽商大宅院民居隔扇门，格心及绦环板都精心雕刻，格心题材为缠枝葫芦与人物故事，精致小巧

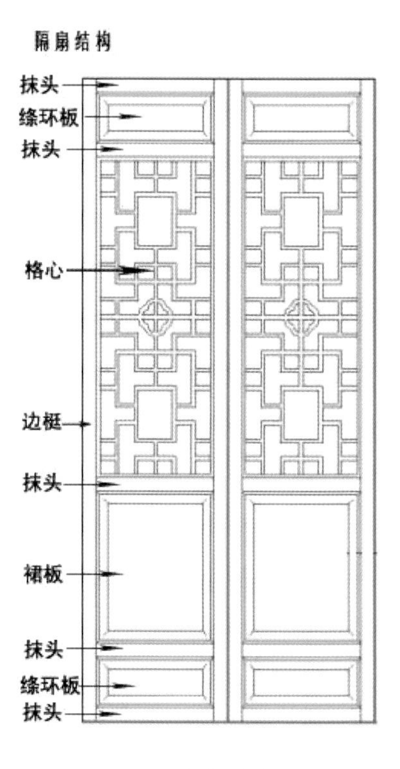

隔扇门结构

揭阳城隍庙门上的亭台仙鹤、飞龙宝器，雕刻细腻，红底沥金，华美璀璨

安徽胡宗宪故居两侧厢房的隔扇雕工细致，繁复华丽

隔扇根据抹头数量的多少，分四抹隔扇、五抹隔扇、六抹隔扇等。

徽州民居厢房六抹隔扇

六抹隔扇，格心为竖长条构图的渔夫和农夫

关麓村民居五抹隔扇

格心

从木雕装饰来看，格心、绦环板、裙板各有侧重。格心处需要为采光与通风留出空隙，所以以木棂条组成花纹为主要手段，花纹的粗细与复杂程度依建筑的性质与讲究程度而定，有的在格网中嵌入小幅的绘画或雕花，使格心更富表现力。格心的式样有很多种，以南方为例，有冰纹、葵纹、八角纹、垂鱼、如意、海棠、菱角、菱花、回纹万字、十字川龟、软角万字、十字长方、宫式等。紫禁城内几座主要宫殿的隔扇，其格心部分是由木棂相交搭成的菱花组成，其中“三交六椀菱花”的窗属最高等级，其次为“双交四椀棱花”，往下依次为斜方格、正方格、长条形等，由此可见封建礼制中等级分明。其中，格心也有做繁杂透雕的，雕饰过于繁密也影响采光通风效果。在豪富或奢华的建筑中，还会采用镶嵌手法，将金银的嵌丝、景泰蓝、珐琅、玉雕镶嵌在格心上，或者加装绣花透纱、绢画等，使格心更显高贵华美。

绩溪古城三雕博物馆藏品，格心上雕刻花鸟图案，构图雅致，雕工细腻

绩溪古城三雕博物馆藏品，一扇格心上为龙行虎步，一扇格心上为麒麟凤凰，气势夺人

民居隔扇的格心与绦环板皆精心装饰

绩溪古城三雕博物馆藏品，格心上雕刻博古宝器，花式各异

夕佳山民居隔扇工艺精美，雕刻细致

佛山梁园隔扇格心上的金漆木雕

夕佳山民居隔扇整体装饰精美，裙板上雕刻“三国故事”，施以彩绘，更显生动

丽水松阳乌井村黄家大院隔扇，格心精雕细刻，集合了人物、文字、花鸟虫鱼等题材，内容丰富

绦环板

绦环板是雕刻装饰的重点，所用手法既有透雕、深雕，又有浅雕、线雕，也有贴雕，当然还有不少是几种雕刻手法混用。丰富多样的木雕创作，带给人们高雅的艺术享受，传递出深厚的文化内涵。

中国木雕博物馆藏品绦环板，以人物故事为主题，人物后面垫的底板都精雕出杂锦纹

慎思堂绦环板上，以西湖风景为主题，一格一风景，非常雅致

池州秀山门博物馆隔扇，绦环板以戏曲故事为主题，尺寸之间，神态生动，衣履鲜明

裙板

裙板因为不需要有采光与通气功能，可以进行完整的雕刻或绘画创作，因而创作手法更自由。其繁简程度随格心和绦环板的装饰程度处理。较为考究的裙板会雕绘龙凤、花卉、宝瓶及人物故事，一般的饰以各种如意云纹、卷草、夔龙等。江南豪宅园林的裙板常见多层木雕装饰，纹理细腻，雕刻精致，多以山水、花鸟、人物、器物为题材。

石屏古村民居隔扇，裙板上的花卉图案，纤美秀丽，经久耐看

绩溪古城三雕博物馆藏品，长条形格心上的花鸟果实图案，构图纤长，风格秀丽，如一幅幅优美的画卷

三原县周家大院

周家大院古建筑群位于陕西省三原县城鲁桥镇孟店村。始建于清嘉庆年间（1796—1820 年），是时任清廷朝仪大夫刑部员外郎周梅村的私人宅邸，其女儿周莹被慈禧太后认为干女儿（2017 年火热大剧《那年花开月正圆》周莹的创作原型）。

清同治十一年（1872 年）因战乱烧毁了 16 院，现仅存 1 院。仅存的院子为三进五开式的建筑，院落坐南朝北，进深 71 米，占地面积 3 206 平方米，建筑面积 979.8 平方米。整个建筑群古朴典雅，高台石阶，曲屋连属，具有浓郁

的南方建筑风格，是南北结合的典范。周家大院装饰精美，砖瓦磨合，精工细做，斗拱飞檐，彩饰金装，工艺精湛的清代石雕、气势雄伟的牌匾、寓意深刻悠远的木雕，是清中期雕刻艺术的集大成，如一幅隽永的画卷，令人心旷神怡。周家大院木雕遍布每进院落，特别是二进院正房与两侧厢房的隔扇裙板上，精美的雕刻如同彩色连环画一般展开，构图阔朗，气势开扬，雕刻层次丰富、工艺精湛，彩绘图案，色泽明丽，让人赏心悦目。

裙板上雕刻的内容有“关中八景”（华岳仙掌、草堂烟雾、灞柳风雪、骊山晚照、曲江流饮、太白积雪、咸阳古渡、雁塔晨钟）、“渔樵耕读”（分别是严子陵钓鱼、朱买臣担柴、舜耕于历山、悬梁刺股苦读书的故事）、陶渊明“亭前赏菊”、孟浩然“踏雪寻梅”、苏东坡“外出访友”、解学士（明代）“春游遇雨”等，自然风光与人文风貌相映生辉。

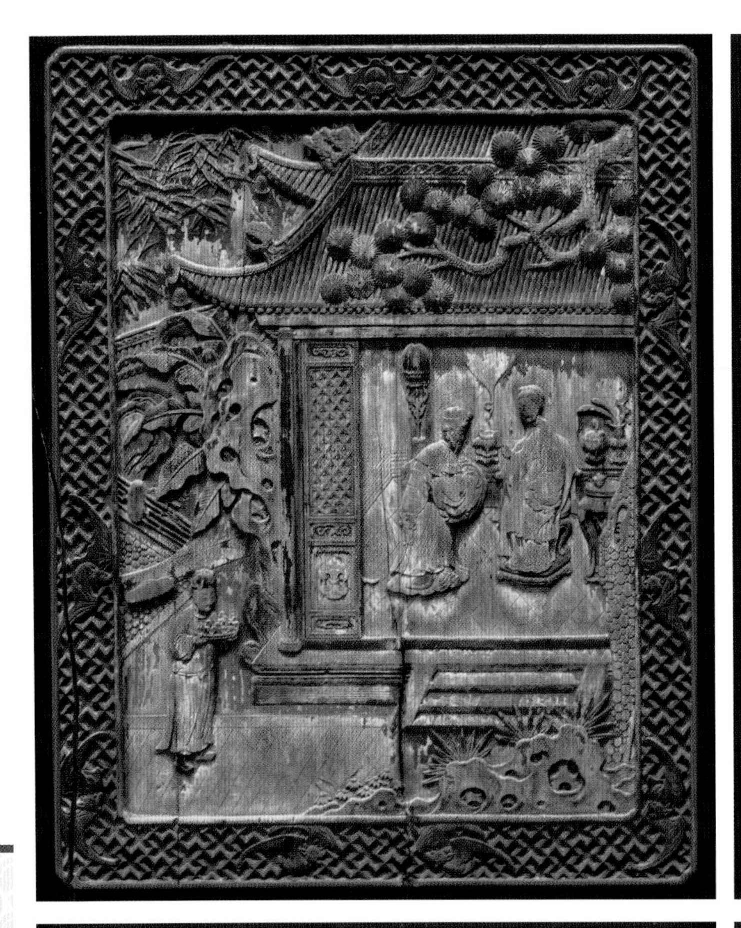

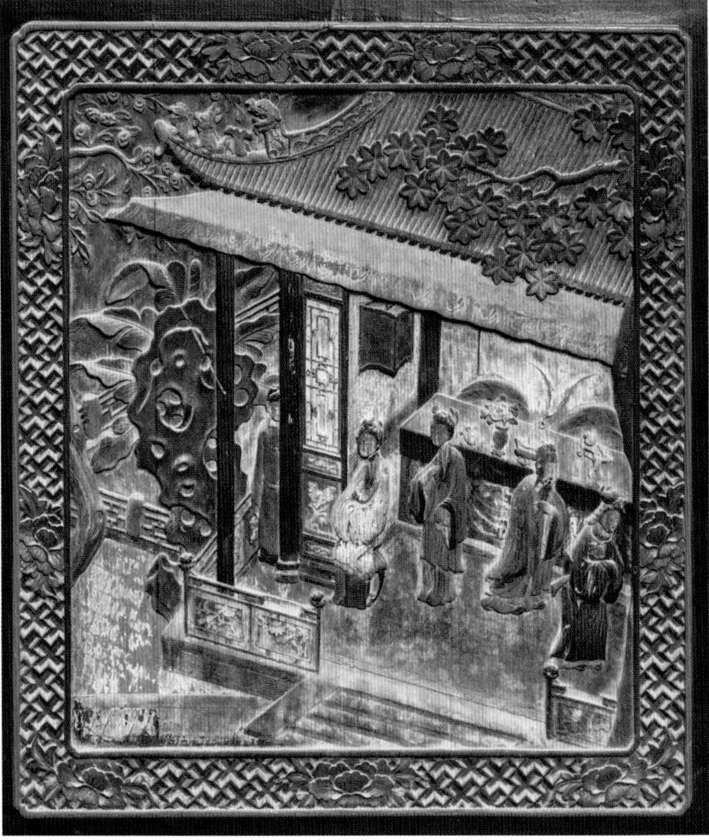

咸阳旬邑唐家大院室内隔扇门裙板上的雕刻，以人物故事为主题，形态生动，雕刻精细

隔扇的系列化组合

隔扇由于是几扇连续排在一起使用，因而在木雕装饰图案的表现上，可以形成连续构图，或者是同一题材的系列故事，或是同一类型的多种表现。

云南团山村民居隔扇门，格心上飞禽走兽，裙板上的博古宝器，都雕刻得立体生动、繁复华丽

1~5. 广州陈家祠隔扇，两侧格心以树枝构图，穿插人物故事，中间两块格心以画框做构图，工艺精美，人物背景细致生动。裙板上以花瓶宝器为主题，雕刻精美

四扇隔扇并列，相当于入口的屏风，雕有博古宝器、名花宝盆，构图清新雅致

南屏民居隔扇门，造型简洁，在玻璃上绘制的图案，使之显得别具一格

南京周园民居两侧厢房门板的装饰，花纹繁复，优雅细致。楼梯栏板上的“龙飞”“凤舞”“福”“寿”字反映了屋主对美好生活的期许

徽商大宅院碧纱橱格心与绦环板为抽象造型，裙板刻宝瓶花卉，雕工细致

徽商大宅院碧纱橱，左右格心上雕刻图样精练细致，中心分别刻有“礼乐诗书”“富贵福泽”字样，构图别具一格

木渎古镇虹饮山房，隔扇上花卉彩绘，生机盎然

木渎古镇虹饮山房，隔扇上主题为诗画艺术，空间顿添儒雅气质

碧纱橱

碧纱橱，是清代南方地区汉族建筑内屋中的隔断，室内分隔的构件之一，类似落地长窗，而落地长窗通常多安装在建筑外檐，碧纱橱主要装修在内屋，也叫隔扇门、格门。通常用于进深方向柱间，起分隔空间的作用。碧纱橱主要由槛框（包括抱框、上槛、中槛、下槛）、隔扇、横破等部分组成，每樘碧纱橱由 4~12 扇隔扇组成。除两扇能开启外，其余均为固定扇。在开启的两扇隔扇外侧安帘架，上部安帘子钩，可挂门帘。碧纱橱隔扇的裙板、绦环上做各种精细的雕刻，通常是两面夹纱的做法，上面绘制花鸟草虫、人物故事等精美的绘画或题写诗词歌赋，装饰性极强。

木渎古镇虹饮山房，大厅两侧碧纱橱，格心上的书画艺术，为空间增添文秀之气

几何图案、吉祥图形、抽象图腾、文字皆是常用题材

婺源思溪延村百寿花厅楼体外观整体进行了细致的装饰，雕刻精细华美，令人百看不厌

婺源思溪延村百寿花厅隔扇上的雕刻精细优美，绦环板上的寿字无一相同。格心上雕刻的假山、松树、梅花，造型遒劲有力，可见创作者艺术功底深厚

宏村桃源居隔扇，格心藤编纹样，图样精美

百侯古镇肇庆堂门厅隔扇上刻“福缘善庆”四字

广州陈家祠隔扇裙板上的雕刻，以图形组合成文字，构思颇具新意

西递大夫第隔扇上的冰裂纹，显得精雅通透

顺溪古民居陈氏老大份大屋隔扇图形造型简洁，通过不同棂条不同排列拼接出变化的韵律

松阳界首村易居堂隔扇，格心看起来简洁，因拼接了多个夔龙图形、花朵图形，使细节更丰富

永康厚吴村司马第绦环板的诗句彰显诗书传家的良好家风

婺源思溪延村承德堂隔扇，格心纹样简洁通透

植物花卉、瓜果蔬菜等

除了常见的梅兰竹菊、松竹梅以外，荷花、牡丹、月季、玉兰、百合也是寓意美好的花卉。此外还有葡萄、佛手、荔枝、桃子、石榴等水果也是备受欢迎的题材。

丽水松阳乌井村黄家大院隔扇，格心上的雕刻走精细小巧路线，无论是中心位置的竹枝或寿字，或者是周边做底的冰裂纹、万字纹，线条上都进行了精巧的装饰。绦环板上的花卉雕刻也极为精细

梅州崇庆堂隔扇，格心长条形花卉透雕，花型硕大，造型美观，沥金更显富丽

绩溪古城周氏宗祠三雕博物馆藏品，绦环板上动物造型生动，裙板宝瓶花卉图形淡雅

碧江村民居门扇以玻璃装饰，内嵌南瓜图案，简单有趣

碧江村金楼房门装饰，门体修长，三面金色木雕装饰，门头以牡丹、花瓶、瓜果做装饰，门身格心雕刻蝴蝶花卉，造型优美，绦环板雕刻博古八宝饰品，整个门套富丽辉煌

碧江村木雕

徽商大宅院客厅，两边隔扇雕刻精美，中间屏门格心以沥金花卉装饰，典雅富丽

上方匾额为人物立体透雕，技艺精湛

云南丽江古城民居隔扇上的花鸟雕刻

飞禽走兽、虫鱼生物等自然界或传说中的动物

南京周园藏品，花鸟走兽，生机勃勃，彩绘更添光彩

南京周园藏品

南京周园藏品，夔龙纹样，中心雕刻走兽，小小的空间里，还有花卉、水果、人物等内容，图样细腻，纹饰精美

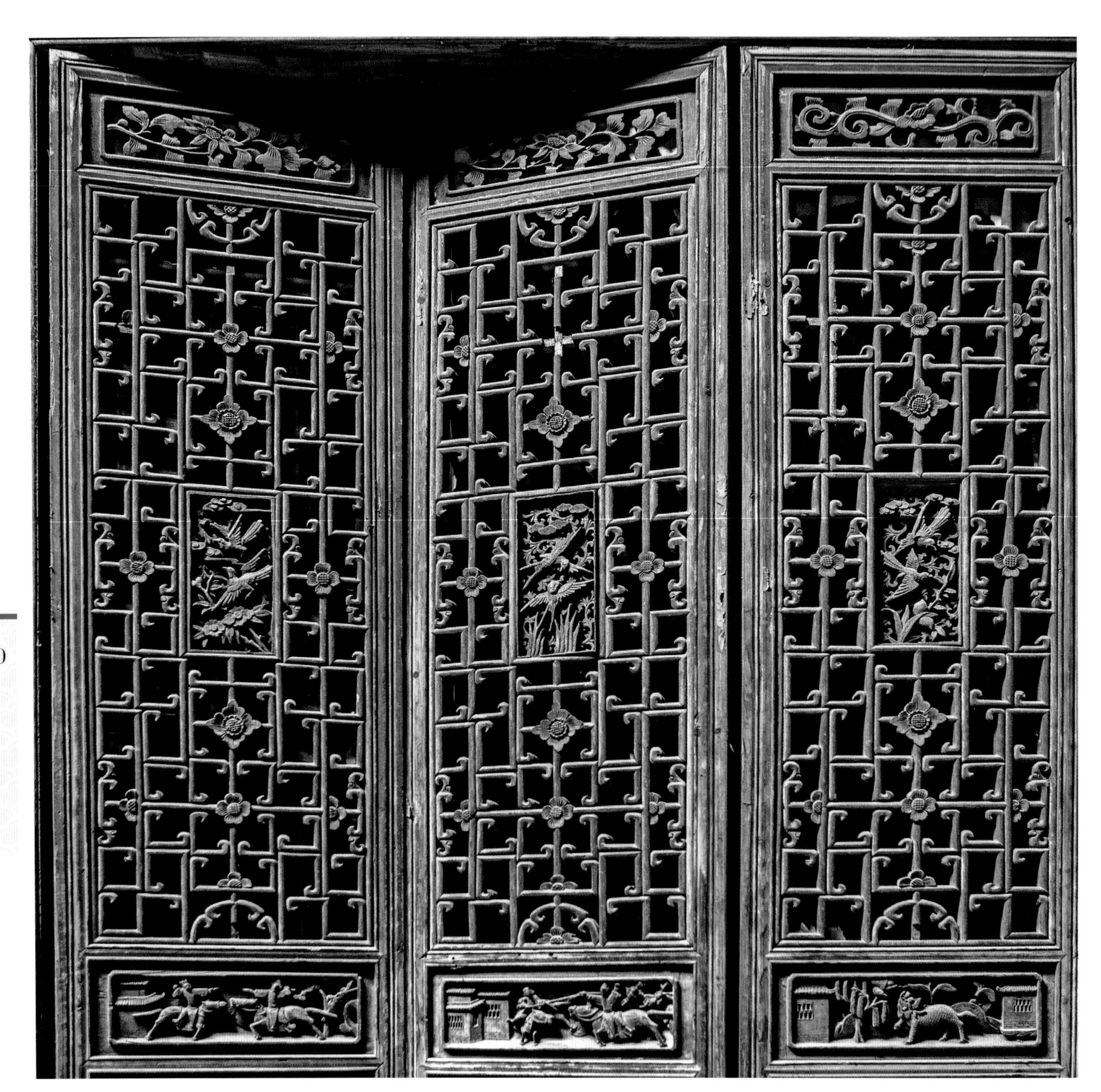

徽商大宅院隔扇上雕刻花鸟动物，精巧不失灵动

山水风光、人文景观、建筑园林景观

胡宗宪尚书府隔扇，格心中部的山水小品，图案清雅，气韵悠远

宏村树人堂隔扇，格心和绦环板饰有博古家具图样，雕工精美

裙板上的博古宝器，雕刻细腻

川西民居雕刻陈列馆民国瓜瓞连绵杂宝纹檐板

中国木雕博物馆展品，图形繁复，造型优美，人物雕刻精细

南京周园隔扇，格心与绦环板的雕刻都极为精细，给人纤细通透之感

中国木雕博物馆展品，格心中央为“四蝠捧寿”，造型优美；绦环板竹梅构图清新雅致

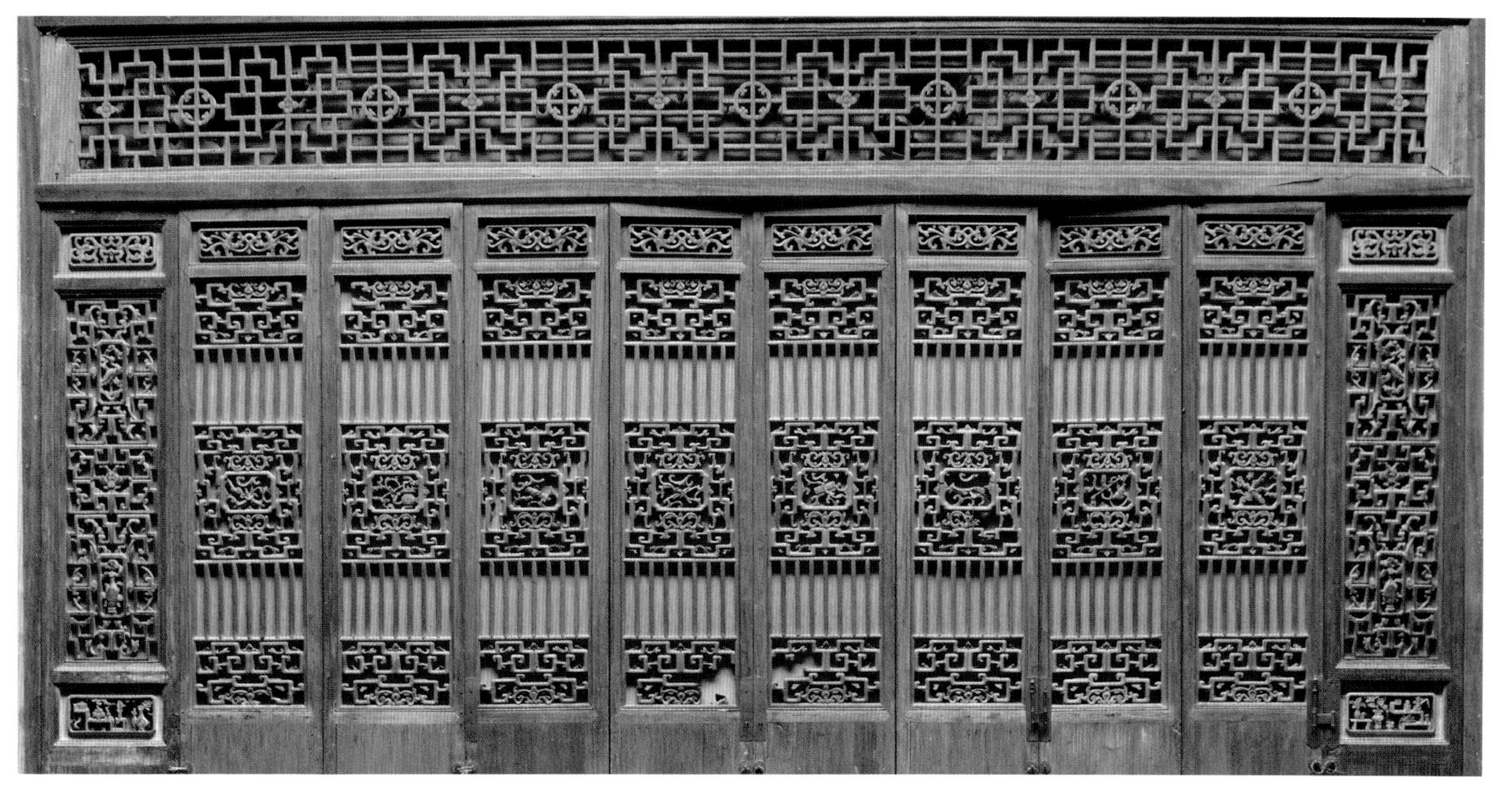
徽商大宅院民居隔扇，格心、绦环板、裙板均雕刻细致花纹

中国木雕博物馆展品，格心装饰精细华美，中心人物喜庆欢愉，绦环板上四季花草，清新秀美

阆中古城状元阁客栈院内房屋木门雕花，人物朴拙，鸟与蝙蝠的构图奇特

徽商大宅院隔扇上雕刻民间习俗、朝堂故事，人物场景众多，布局紧密有致，雕刻生动细致

徽商大宅院绣楼厢房门，格心以松枝葡萄做装饰，中心为楼阁人物透雕，雕工精美细致，绦环板为戏剧人物，金漆装饰，更显富丽华美

家|具|陈|设

木作家具

木作家具也是展示我国木雕艺术多姿多彩的舞台。不同时代、不同地域有不同的风格呈现。木作家具的雕刻，历经了一个从无到有、从简到繁、从粗放到精工的变革过程，至明清登峰造极。床榻、桌案、椅凳、箱橱、几架等，一般局部施雕，有的会通体雕饰。木雕与家具形态自然结合，和谐天成，其雕刻题材丰富，手法多元，雕工细腻，古拙秀雅，凸显出独特的东方民族雕刻风格。

南京周园周家大院宝善堂倒座家具陈列

南京周园周家大院大夫第家具陈列

南京周园周家大院雍睦堂家具陈列

南京周园周家大院宝善堂家具陈列。神龛上顶板的装饰，雕刻精美细致，金漆更显光华

南京周园翰林第中堂家具陈列

南京周园望公享堂家具陈列

桌案几

桌案几类家具主要包括桌类家具、桌案类家具和几类家具。

桌子大约产生于唐朝，开始时形式比较单一，风格也比较单调。在早期的美术作品中，经常出现桌子的身影。随着时间的推移和历史的发展，桌子也渐渐出现了许多新品种，除了常见的长方桌、长条桌、方桌、圆桌、炕桌外，还有半方桌、半圆桌、月牙桌凳等。另外，还有一些桌子只有单一用途，如供桌、琴桌、棋牌桌、酒桌等。桌子一般与凳子或绣墩搭配使用，易于摆放，实用性强。

徽商大宅院官厅的陈列，端重对称，气势宏伟

扬州个园宜两轩会客厅，桌案椅几对称排列，稳重有序

宏村桃源居厅堂与厢房的装饰与陈列

南京周园大夫第的供桌及台屏，均是精挑细选的雕刻精品

南屏民居家摆放的供案

徽商大宅院官厅供桌，沉稳庄重，遍雕人物故事，工艺精湛

桌案类家具种类很多，主要有书案、画案、平头案、架几案、翘头案、炕案、供案、条案等。案类家具与桌类家具相比文雅很多，这些桌案的用途大都与文人雅士有关，与摆放物品为主的桌类家具有一定的区别。案类家具和椅类家具多搭配摆放，人们常在上面书写绘画。

几类家具主要有条几、茶几、香几等，它属于配属家具。几类家具主要应用于桌案的配属、供奉专用配属，有时也可当作放置花草盆景的承放类家具使用。由于几类家具的配属装饰性强，其外形大都样式繁复。

1. 清西洋式叶纹束腰长方几，台北故宫博物院展品

2. 清夹头榫云蝠花卉纹平头案，台北故宫博物院展品

3. 长桌，台北故宫博物院展品

丽水松阳乌井村黄家大院的桌案

西递桃李园厅中案、桌、几一应俱全

坐具

古代席地而坐，原没有椅子.《诗经》中有“其桐其椅”，“椅”即“梓”，是一种树木的名称。据考证,椅子的出现,最迟在隋唐时期,当时椅子又名“倚子”。甘肃敦煌莫高窟唐代壁画中就有高坐椅。到五代和两宋，椅子的使用范围不断增多，品种渐渐丰富。现在我们在艺术品收藏市场上见到的椅子，大多是明清往后的。明清时期，椅子的结构进一步完善，主要由椅面、椅背、搭脑、扶手、帮称、托泥等各部分组成。种类进一步丰富，主要可分作两大类，一类是单靠背椅，如一统碑、灯挂椅、梳背椅、笔梗椅、屏背椅等；另一类是扶手椅，像官帽椅、玫瑰椅、圈椅、交椅、太师椅、六方椅、独座、宝座等。椅子式样众多，富有鲜明的历史特征。

家 太师椅

家 王座

坐具除了椅子外还有凳子、马扎等。其中凳类一样也是经历了从低到高、从简入繁的过程。凳子在民间的称谓叫杌凳。最初是在踩踏上马、上轿时使用，所以也称马凳、轿凳。明清家具体现了中国古典木制家具的最高水平。

黄山万萃楼展品，美人靠，椅背以松、竹、仙鹤为题材，枕部为衔灵芝的卧鹿，与尾部的松冠，合起来寓意“高冠（官）厚禄”，雕刻精美，层次丰富

呈坎古民居中厅堂摆设，两侧椅子装饰“莲花藕节”造型

仿徽州古建大厅陈列家具，中轴对称，尊卑有序

床具

床最早起源于我国商代，也有传说是上古时代的神农氏发明了床。春秋以来，床往往兼作其他家具。人们写字、读书、饮食都在床上放置案几。唐代出现桌椅后，人们生活饮食等都是坐椅就桌，不再在床上活动。床由一种多功能的家具，退而成为专供睡卧的用品。

南京周园藏品，传说是清代皇帝定制的紫檀宫殿式床屋，雕工精细，镶嵌玉石，华美绝伦

南京周园收藏

南京周园收藏的床，简化版的拔步床，外层的围栏撤去，改成八字斜面，但在装饰上精雕细刻。围板上的人物雕花板极为精美富丽

中国古代家具中卧具形式有四种，它们是榻、罗汉床、拔步床和架子床。后两种只作为卧具，供睡眠之用；而前两种除睡眠外，还兼有坐具功能。

榻：西汉后期，出现了“榻”这个名称，榻大多无围，所以又有“四面床”的称呼。

罗汉床：是指左右和后面装有围栏但不带床架的一种床。围栏多用小木做榫攒接而成，也有用三块整板做成，罗汉床有大小之分，大的罗汉床可供坐卧，它的作用就像我们现在的沙发。古人一般都把它陈设于厅堂待客，中间放置一几，两边铺设坐垫，典雅气派，形态庄重，是厅堂中十分讲究的家具。

垂花柱式拔步床：此床为两进，其最精湛的要数床的门楣和雕刻，门楣有六层，上雕有凤戏牡丹、仙鹤、八仙过海、鸳鸯等图案，采用描金手法，线条细腻流畅。床前设床头柜，上雕有兔子、麒麟，做工精巧，美轮美奂

拔步床：我国特有的一种装备丰富的床，有碧纱橱及踏步，像一间独立的小屋子。顾名思义，“拔步床”就是要迈上一步才能到达的床，从外形上看，它好像是把架子床安放在一个木制平台上，床前设浅廊，长出床沿三四尺，廊子的两侧可放置一些小型家具和杂物。此床多在南方使用，四面挂帐，既防蚊蝇，又可方便主人起居。复杂的拔步床可以多达三进，一进可坐下脱鞋，二进宽衣，三进才是睡觉用的床。

垂花柱式拔步床：此床为两进式结构。做工考究，刀法圆熟。门楣上雕刻有“福、禄、寿三星”及古代戏曲人物图案

精美的拔步床，从外到内，精雕细刻，像一座精华版的小木屋

精美的拔步床，床楣、床围连成一体，雕刻精美非凡

架子床：古人使用最多的床，它的做法通常是在床的四角安立柱，床顶部安盖，称做“承尘”，床的二面装有围栏，多用小料拼插成几何纹样，也有的在正面多加两根立柱，我们称为六柱架子床。也有在正面多加两根立柱，两边各安方形栏板一块，名曰“门围子”。正中是上床的门户。装饰楣板，更有巧手在上面精雕细刻，装饰精美图案。架子床是明清两代很流行的一种床。

徽园徽州人家架子床，围板上的风光图景美不胜收

南京周园架子床围板上的精美雕刻

床正面两边围板上雕刻连升三级宝瓶图样，宝瓶内雕三国人物故事，雕刻精美

南京周园架子床，前围板雕刻精美

南京周园架子床围子的精美雕刻

巍山民俗博物馆展品，桌上额板大朵牡丹富丽堂皇，鹭鸶荷花造型优美，红底金漆，华美夺目

夕佳山民居婚床，借用拔步床的样式，采用中西合璧的风格，额板上花朵绽放，动物奔走，充满生机。据说该床专门提供给家族结婚的新人小住

架子床中还有一种装饰较为繁杂的，叫“徽州满顶床”，是明清时期由徽州能工巧匠们精心制作的一种全木结构，兼具徽州木雕、徽州漆器、徽州家具之美的房式老床。所谓“满顶”，指的是它的上顶、下底、左壁、右壁和后壁五面都是木板满封、密不透风。它就像一幢独立的小房子，成为“房中房”“室中室”。在徽州人家的厢房中，它的尺寸正好与厢房的宽度一致，而在它的床前两侧，一边安放俗称“盆柜”的古式马桶箱柜，一边安放搁置油灯、蜡台的床头马鞍橱桌，都是漆得红彤彤的，与房中大衣橱、梳妆台等其他红色家具一块统称“一房红”。

满顶床，床顶垂满好几层装饰

江南百床馆位于乌镇，是一家专门收藏、展出江南古床的博物馆。镇馆之宝为清代拔步千工床，黄杨木为料，长217厘米，深366厘米，高292厘米，前后共有三叠，历时3年方才雕成，号称"千工床"。雕工精美，端重内敛

江南百床馆展品，凤凰于飞拔步床，共有两进，装饰华丽，豪华气派

中国木雕博物馆展品，下面两扇柜门，雕刻戏曲故事人物，形象生动鲜明

遍布以《西游记》为主题的雕刻，形象生动，引人入胜

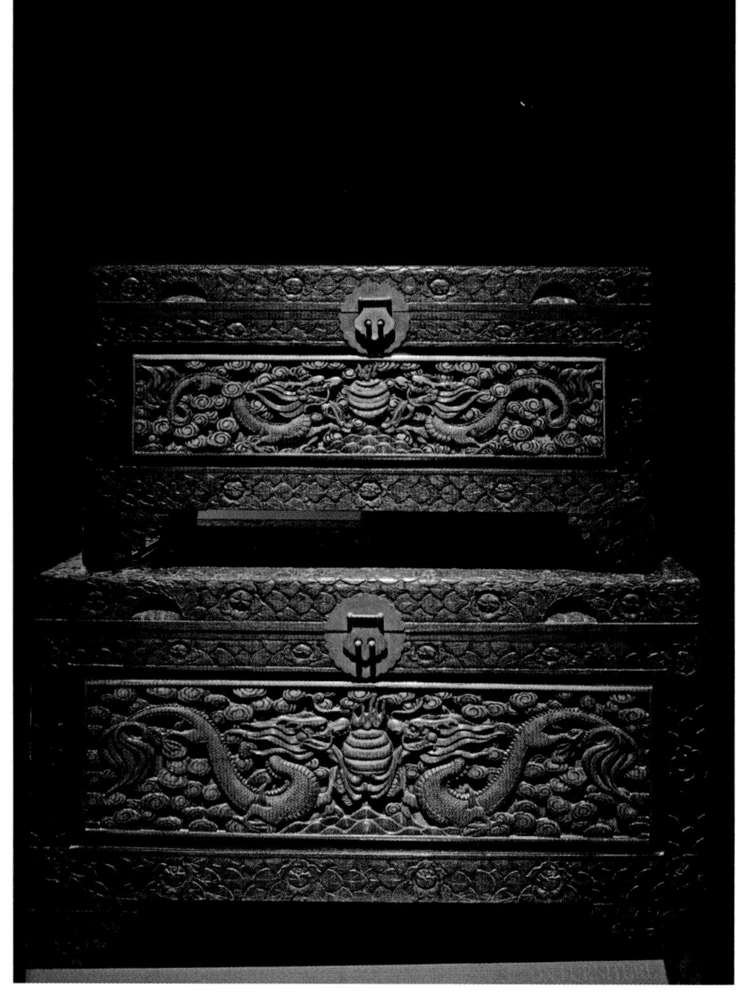

满布雕刻，箱体上为“双龙戏珠”主题

立柜，柜门分三段装饰，上层为“渔”“读”人物故事，中层为戏曲人物故事，下层为诗句，雕工精湛，雅俗共赏

红底四门立柜，以民俗人物为主，造型简洁，形态生动

河阳古民居展品——立柜，柜门高浮雕动物花卉，动物一大一小成对出现，表达血脉相连，生命繁衍，亲情不断的内涵

金漆木雕食盒，用于敬食祭祀

池州秀山门博物馆洗脸盆架，框架雕成竹枝状，下层为人物深雕，中层四蝠捧圆透雕，上层戏曲英雄故事透雕，工艺精湛，富丽华美

神龛及坐具

陈设木雕

陈设木雕一般分为两类，一类是以木为主体的艺术品，这类作品在雕琢时因材施雕，手法多样，个性强烈，饱含奇思逸趣，往往赋予木材崭新生命；另一类是以木雕工艺为辅的艺术品，配制装饰玉器、牙雕、玛瑙、翡翠、珠宝首饰、文房清供等，这些艺术品配以木雕装饰，烘托了主题，丰富了整体，增加了艺术欣赏价值，更可以看出木雕装饰效果的艺术魅力。

兰韵飘香木雕摆件，兰生崖上，松竹相邻，鸟鸣山涧

普陀观音木雕摆件，山石奇峻，人物纤美

普陀观音木雕摆件，人物纤美

南京周园展品，人物花板，形象立体突出，人物性格鲜明，金漆更显华美

黄山万粹楼展示的徽式厅堂摆设，上挂匾额，中间挂画，条桌上摆放钟、花瓶、坐屏，寓意“终身平静”

黄山徽州文化博物馆展品，木雕坐屏，以自然山水为主题，山形俊朗，水纹细致，层次丰富

中国木雕博物馆展品，“九龙”托篮

阆中古城胡家院展出的建筑构件，下为平盘斗，上为仙桃形刻件

清 黄杨木镂空瓜瓞笔筒，台北故宫博物院展品

清 竹雕人物船，台北故宫博物院展品

木盒，台北故宫博物院展品

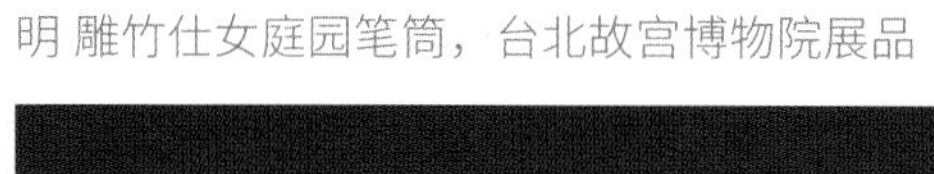

明 雕竹仕女庭园笔筒，台北故宫博物院展品

晚明 三松款 雕竹窥简图笔筒，台北故宫博物院展品

明末清初 雕竹郭子仪免胄图笔筒，台北故宫博物院展品

镇纸，台北故宫博物院展品

碧玉龙纹磬，台北故宫博物院展品

镂空云龙纹木座，台北故宫博物院展品

汝窑青瓷水仙盆之木座，台北故宫博物院展品

清 雕竹根山水人物摆件，台北故宫博物院展品

阆中古城胡家院藏品

清 福建龙眼木雕牧童骑牛，中国木雕博物馆展品

龙川古镇胡氏大宗祠装饰木雕，清新秀雅

门头花板，卷轴状，中间书“五岳”二字，两边精雕“龙凤呈祥”图案

阆中古城状元阁客栈院内门头木雕刻

屏风

唐代诗人杜牧诗曰:“银烛秋光冷画屏，轻罗小扇扑流萤。天街夜色凉如水，卧看牵牛织女星。”屏风作为传统家具的重要组成部分，历史由来已久。

大约在 3 000 年前的周朝，就以天子专用器具出现，作为名位和权力的象征，开始专门设立于皇帝宝座后面，称为“斧钺”。它以木为框，上裱绛帛，画了斧钺，成为帝王权力的象征。《史记》中也记载：“天子当屏而立”。现在到故宫，各个主要议政大殿，皇帝的宝座后面，都可以看到雕刻华美繁复的屏风。此外颐和园、国子监、承德避暑山庄的主要大殿里，宝座之后也可以看到各式屏风。

沈阳故宫宝座后的金龙屏风

屏风，中国传统建筑物内部挡风用的一种家具，所谓“屏其风也”。屏风一般陈设于室内的显著位置，起到分隔、美化、挡风、协调等作用。屏风可以根据需要自由摆放，起到分隔空间的作用。随着时代的不断演变，越来越强调屏风装饰性的一面，既需要营造出“隔而不离”的效果，又强调其本身的艺术效果。此外，屏风还有着防风、遮隐的用途，以及点缀环境和美化空间的功效，所以流传至今经久不衰，并衍生出多种表现形式。

故宫允执厥中匾下的龙凤屏风

北京国子监辟雍殿宝座和屏风

承德避暑山庄，澹泊敬诚匾下的屏风，用材名贵，雕刻精美

承德避暑山庄宝座后屏风，装饰沉稳凝重

金漆木雕贺寿屏风

金漆木雕贺寿屏风，于广东博物馆展出，潮州金漆木雕，人物生动细致，金漆华美璀璨。

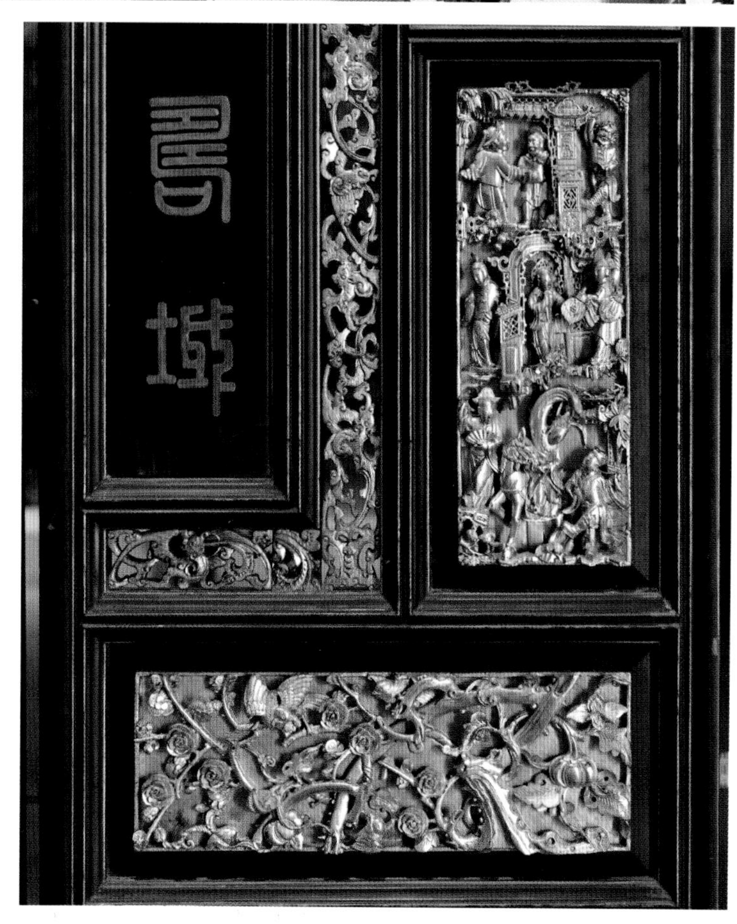

屏风的制作形式多种多样，主要有立式屏风、折叠式屏风等。后来出现了纯粹作为摆设的插屏，它娇小玲珑，饶有趣味。古时，王侯贵族的屏风制作非常讲究，用了云母、水晶、琉璃等材料，在镶嵌工艺上，用了象牙、玉石、珐琅、翡翠、金银等贵重物品。可谓极尽奢华。然而，民间的屏风制作大都崇尚实用朴素。唐代诗人白居易曾作《素屏谣》曰："当世岂无李阳冰篆文，张旭之笔迹，边鸾之花鸟，张藻之松石，吾不令加一点一画于其上，欲尔保真而全白。"表明了其对素屏的崇尚之意。民间的素屏与帝胄之家的华屏相比，真是别具一格而又韵味悠扬。

南京周园藏品，屏风上镶嵌各种玉石材料拼成瓶花等图案

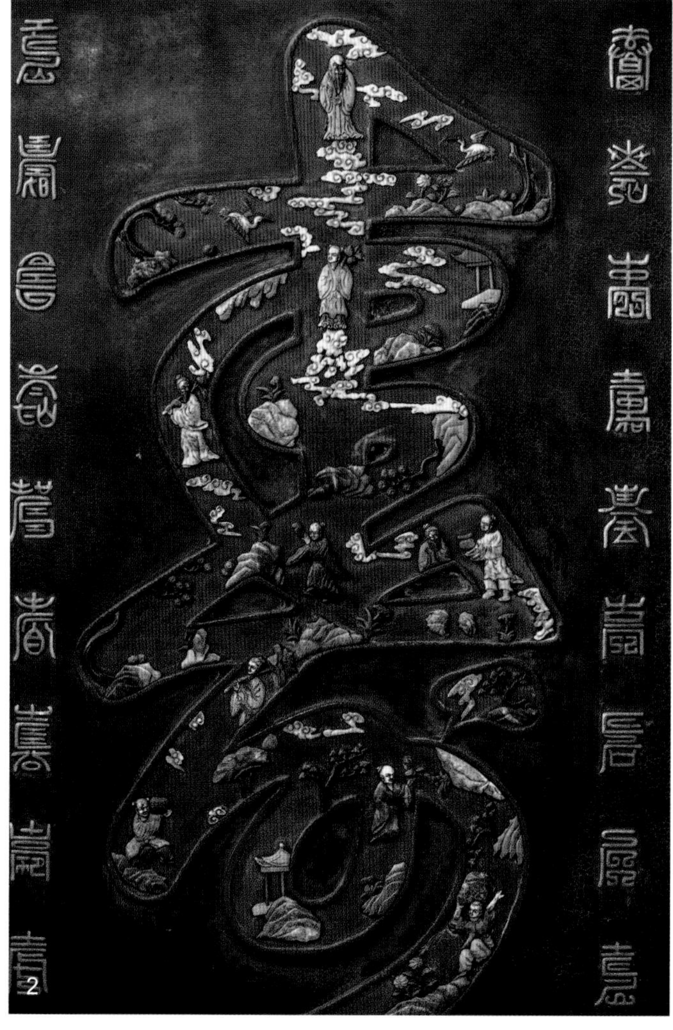

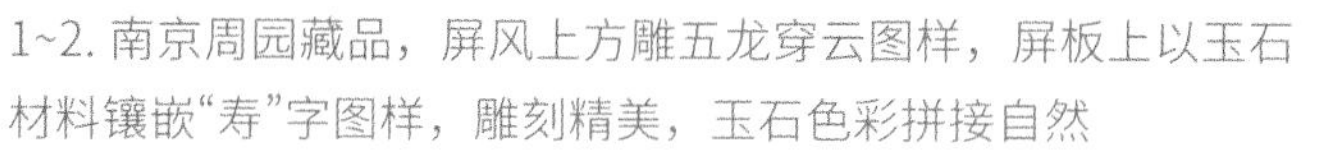

1~2. 南京周园藏品，屏风上方雕五龙穿云图样，屏板上以玉石材料镶嵌“寿”字图样，雕刻精美，玉石色彩拼接自然

南京周园藏品，屏风上镶嵌各种玉石材料拼成瓶花等图案

1~8. 安徽省博物馆展品，十扇花鸟落地屏风，全屏雕刻，格心以花鸟透雕为主，绦环板雕刻戏曲故事，裙板为宝瓶花卉，一扇一款，各具风姿

民国杨善深松鹤屏风，台北故宫博物院展品

按形制划分，屏风有插屏（座屏）、折屏（曲屏）、挂屏、炕屏、桌屏（砚屏）。

屏风中经常使用的有以下三大类：

<u>座屏风</u>：由插屏和底座两部分组成。插屏可装可卸，用硬木作边框，中间加屏芯。大部分屏芯多用漆雕、镶嵌、绒绣、绘画、刺绣、玻璃饰花等作表面装饰。底座起稳定作用，其立柱限紧插屏，站牙稳定立柱，横座档承受插屏。底座除功能上需要外，还可起装饰作用，一般常施加线形和雕饰，与插屏相呼应。座屏风按插屏数分为独扇（插屏式）、三扇（山字式）和五扇等。此外，还有一种放在桌、案上作陈设品的小屏风，其形式与独扇式座屏风完全一样，又称为砚屏、台屏。

佛山梁园的座屏风，“双龙戏珠”图样

四川刘氏庄园庭内座屏，上刻“天官赐福”图样

南京周园座屏，雕刻“南极仙翁带着一群福娃”，形态可掬

清 紫檀框子彩漆牙雕插屏，百宝嵌山水人物图，台北故宫博物院展品

育賢

夕佳山民居厅中的座屏风

座屏风，其上雕“双龙戏珠”，造型朴拙

座屏风，张良下邳拾履的典故，人物动态鲜明，下面雕刻的骏马、麒麟也颇具神韵

木渎古镇虹饮山房装饰用屏风，大理石圆顶、雕花底座

阆中古城胡家大院室内座屏风，上部圆形内嵌大理石，下面底座，精雕细刻

围屏：由偶数屏扇组成，可折叠。一般扇数为 4、6、8 扇，多至 12 扇。为了站立稳定，屏扇多以锯齿形放置在地面或桌面。围屏由屏框和屏芯组成，也有采用无屏框的板状围屏，每扇之间用屏风绞链连接。有些小尺寸的围屏，可设于炕上做装饰，称为炕屏。

承德避暑山庄炕屏

挂屏：明代以前，屏风多趋于实用，接地而设或摆在台面上。而挂屏大约出现在清初，多代替画轴悬挂于墙壁上，是纯装饰性的品类。挂屏指贴在有框的木板上或镶嵌在某类造型的框里供悬挂用的屏条。它一般成对或成套使用，如四扇一组称四扇屏，八扇一组称八扇屏，也有中间挂一中堂，两边各挂一扇对联的这种陈设形式，清雍正、乾隆两朝更是风行一时，在宫廷中皇帝和后妃们的寝宫内几乎处处可见。

南京周园收藏的木雕精品，亭台楼阁，人物众多，平行布局，人物鲜明，雕刻细腻

屏风的题材非常多，比如历史典故、文学名著、宗教神话、民间传说、山水人物、龙凤花鸟，也有将书画装裱于屏面之上或在屏面上直接书法绘画的。此外还有高雅别致的博古屏风，以古香古色的器皿及精美配饰件为题材，多配以插花，别有一番书卷气，寓意“论古不外才识学，博物能通天地人”。

南京周园厅堂陈列，墙上的挂屏以盆花为题材，花枝缠绕、层次丰富，施以彩绘，更加夺目

装饰用的挂屏，层次丰富，雕饰精美

南京周园展品，人物金漆木雕，形态生动，璀璨耀目

1

1. 中国木雕博物馆展出木雕作品，以宝瓶鲜花为核心，周边神话人物簇拥，形态生动，工艺精美

2~3. 中国木雕博物馆雕花板，以文字为主题，类似家训，教化后人

南京博物馆展品，透雕花板，荷塘鱼鸟图，形态生动，层次丰富

福州三坊七巷展出屏风，绦环板上的人物雕刻细腻生动。红、绿、金三色搭配极为抢眼

中国木雕博物馆展品，柜门上的雕刻，中间板上的图案构图奇特，沥金绘彩

黄山屯溪老街万粹楼展品，竖条装饰条屏，深浮雕，形态立体，花鸟图形，构图优雅

池州秀山门博物馆展品，镶嵌板壁上的装饰花板

台屏：形制与独扇式座屏相同，但形体较小，常置几案上，是用作陈列、摆设的观赏性小型屏风，故江南称为台屏。屏心常见精美雕刻，还有的镶嵌大理石、瓷片等。

南京博物院展品，雕花小台屏，中心为楼阁丛林人物图案，雕工繁复，层次丰富

左边从上往下为戏曲故事雕花板，右下为台屏，雕工细致生动

黄山屯溪老街万粹楼展品，台屏内嵌瓷片，山水风光，意境高远

黄山屯溪老街万粹楼展品，放于桌面上的台屏，造型精巧，图案清雅

清 乾隆 镶玉婴戏插屏，台北故宫博物院展品

清 乾隆 松花石山水插屏，台北故宫博物院展品

玉版，台北故宫博物院展品

金 至元“秋山”仕女焚香玉饰，台北故宫博物院展品

明 十二章纹玉圭，台北故宫博物院展品

清 群兽镜台，台北故宫博物院展品

屏门

屏门是中国传统建筑中遮隔内外院或遮隔正院或跨院的门，一般用于垂花门的后檐柱、室内明间后金柱间、大门后檐柱、庭院内的随墙门上，因起屏风作用，所以称为屏门。

苏州怡园藕香榭的屏门，图案表现怡园园林风光图景

屏门上山水画卷，为空间增添了一份文雅气息

苏州狮子林绿玉青瑶之馆的屏门，松石绿的图案表现狮子林的园景风光

顺德右滩村黄氏大宗祠大门入口处的屏门，以鲤鱼跃龙门为主题

广州花都三华村资政大夫祠厅中屏门，雕刻花瓶宝器

场景家具的陈列

中堂是中国传统家庭的精神凝聚地，也是对外迎客议事的门面，布局非常讲究。中堂家具以厅的中轴为基准，板壁前放长条案和方桌，左右两边配扶手椅或太师椅，成组成套，对称摆放，按传统习惯，左为上，右为下，长幼亲朋按"序"入座。集案、桌、椅、架于一体的中堂家具，从形式到仪式，浅层面反映着普通劳动人民对富庶生活的追求，深层面则反映着传统文化语境下，中华民族对自然的敬畏，对祖先的崇拜，对礼教物序的遵循。中堂所用的木雕纹样大气沉稳，体现出庄重、高贵的气派，将外在的规范与内在的诚意，含蓄地加以诠释

书斋是文人读书写字、修身养性、典藏书籍文玩、与友人清言交谈的地方，也是文人安放精神之所。书斋木雕，很多依附于陈设家具、文玩摆件，纹样一般要求雅致高洁，能体现主人的心性与审美，也传递出主人的性格特质

餐厅前的落地花罩，金漆装饰，灿烂华美。餐厅里，背景屏风、灯烛几架、杯盘勺箸、雕花满饰，给主人和宾客带来审美愉悦和精神享受。觥筹交错间，酒不醉人人自醉

闺房是青春少女坐卧起居、修炼女红、研习诗书礼仪的所在，这里集中了架子床、梳妆台、衣柜、茶棋桌、琴台、屏风等家具，雕刻精致华美，象征女孩的美好年华如花绽放

婚房是新人成婚，完成人生嘉礼的美好所在，红色床帐、红色锦被，将空间点染得喜庆而热烈，婚房有婚床、衣柜、梳妆台、圆桌坐凳等做工精美的家具，还有女方带来的丰富嫁妆。其中，婚床是古人婚房的中心，不但是主人休息的地方，更是传宗接代的神圣家具。因此，古人对婚床的做工非常讲究

沈阳张氏帅府会客厅的家具陈列，端重对称，尊卑有序

其他木雕物件

洛阳白马寺大雄殿神龛。上下两层带围栏，云龙雕刻，威风凛凛

祖庙前殿的漆金木雕彩门，呈花篮状，为漆金樟木镂空多层高浮雕，中间主体纹饰分上、中、下三层。上层是楼台故事人物。中层雕刻人物 27 个，故事题材是“赵美容伏飞熊”。传说赵美容是北宋太祖赵匡胤之妹，武艺超群，只身降服了外国使臣进贡的猛兽“飞熊”，令窥伺中原的外敌闻之丧胆。作品中的中原大将威风凛凛，而外国使臣则作躬身状，被打翻在地的“飞熊”也貌似外国人，作者以大胆的拟人手法表现反帝爱国的精神。下层人物故事为“夜战马超”。彩门两侧上端各雕一只凤凰立于松树枝头，并吊饰八角小花篮，装饰精美

木雕装饰花瓶，瓶身以山水风光为主，构图疏密有致，人物居中而设

中国木雕博物馆展品，透雕花板，锦鸡花卉与瑞兽花卉，动物造型独特，图形粗犷朴实

中国木雕博物馆展品，花卉瑞兽透雕花板，形态古朴

中国木雕博物馆展品，花鸟瑞兽透雕花板，枝叶缠绕，动物出没其间，层次丰富

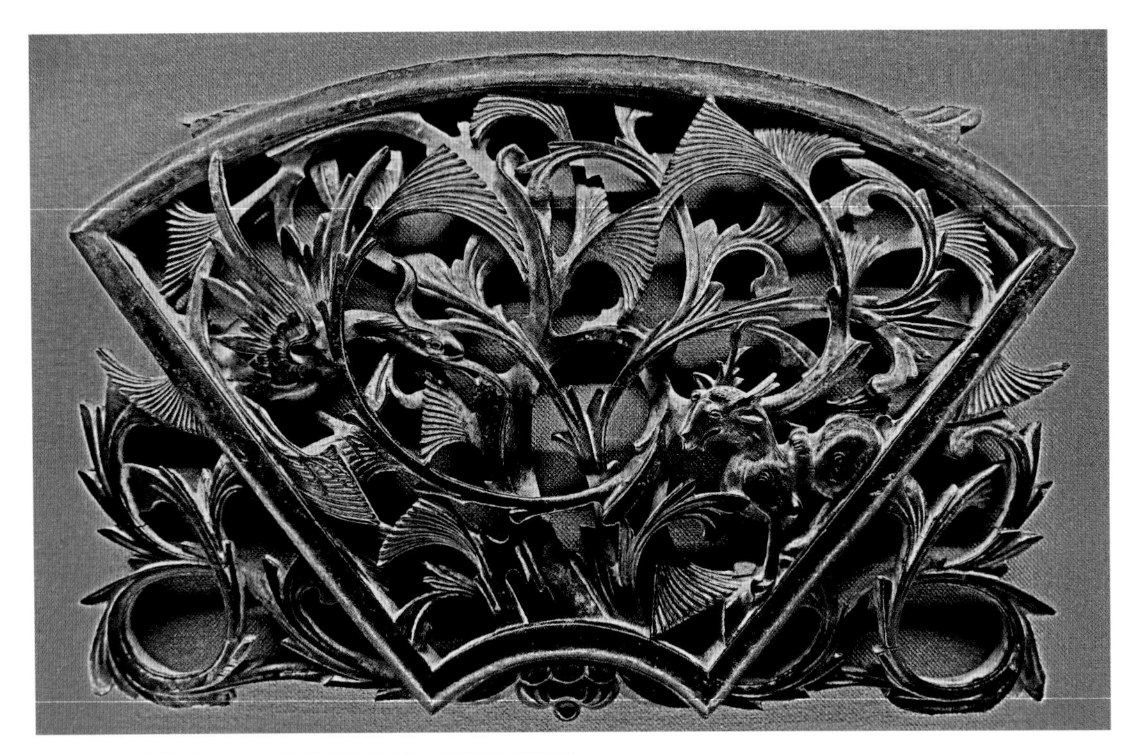

中国木雕博物馆展品，透雕动物花板，构图疏密得当

中国木雕博物馆展品，花卉瑞兽透雕花板，动物形态别致，极具想象力

南京周园厅堂陈列神龛，形态舒展，简约大方，额板花卉雕刻精美

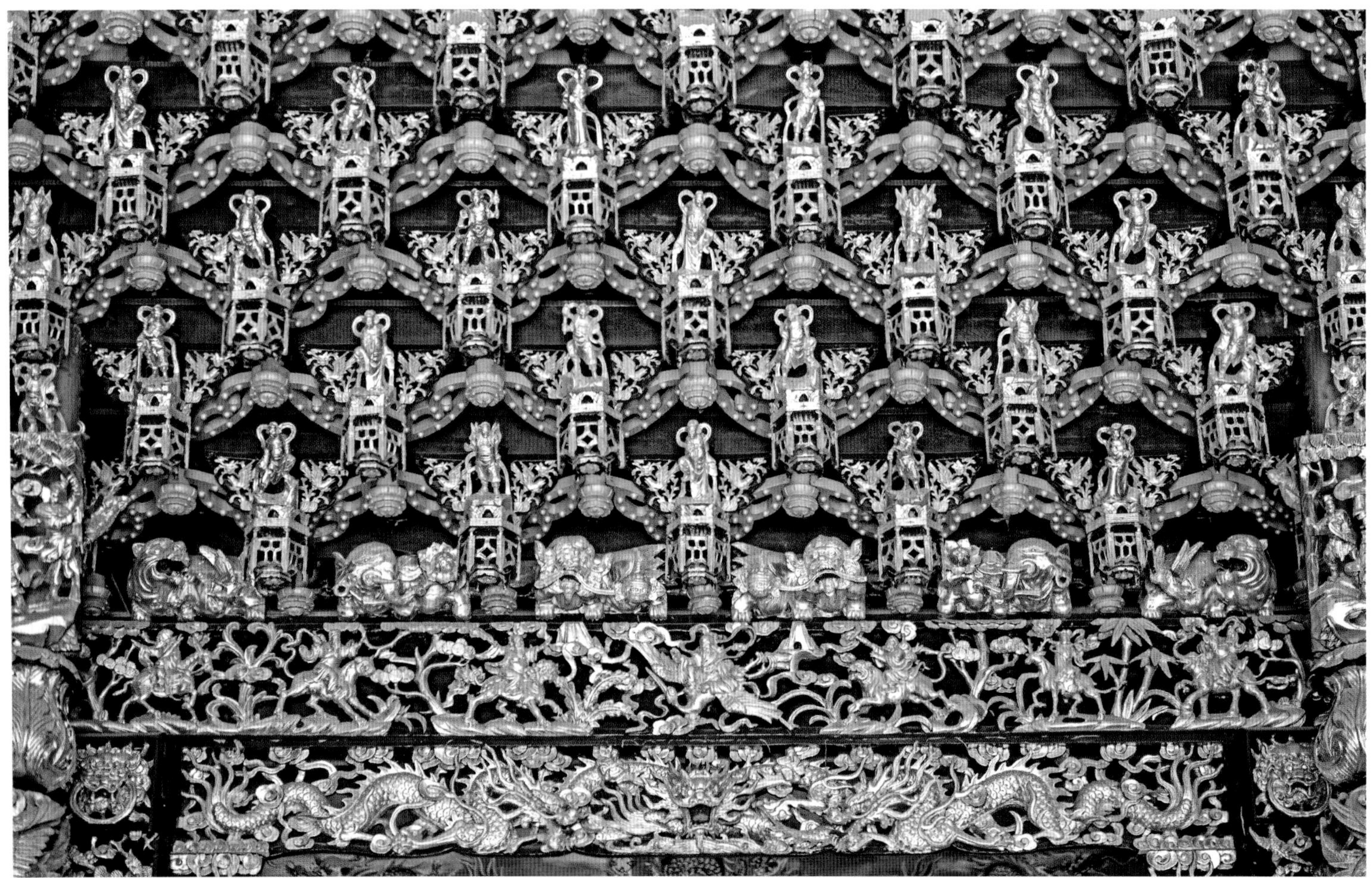

台儿庄古城天后宫神龛，雕刻精细华美，极具闽南装饰特色

神昭海表
佑濟昭靈
母德輝煌耀
圣恩浩蕩垂
天后宫
功德箱

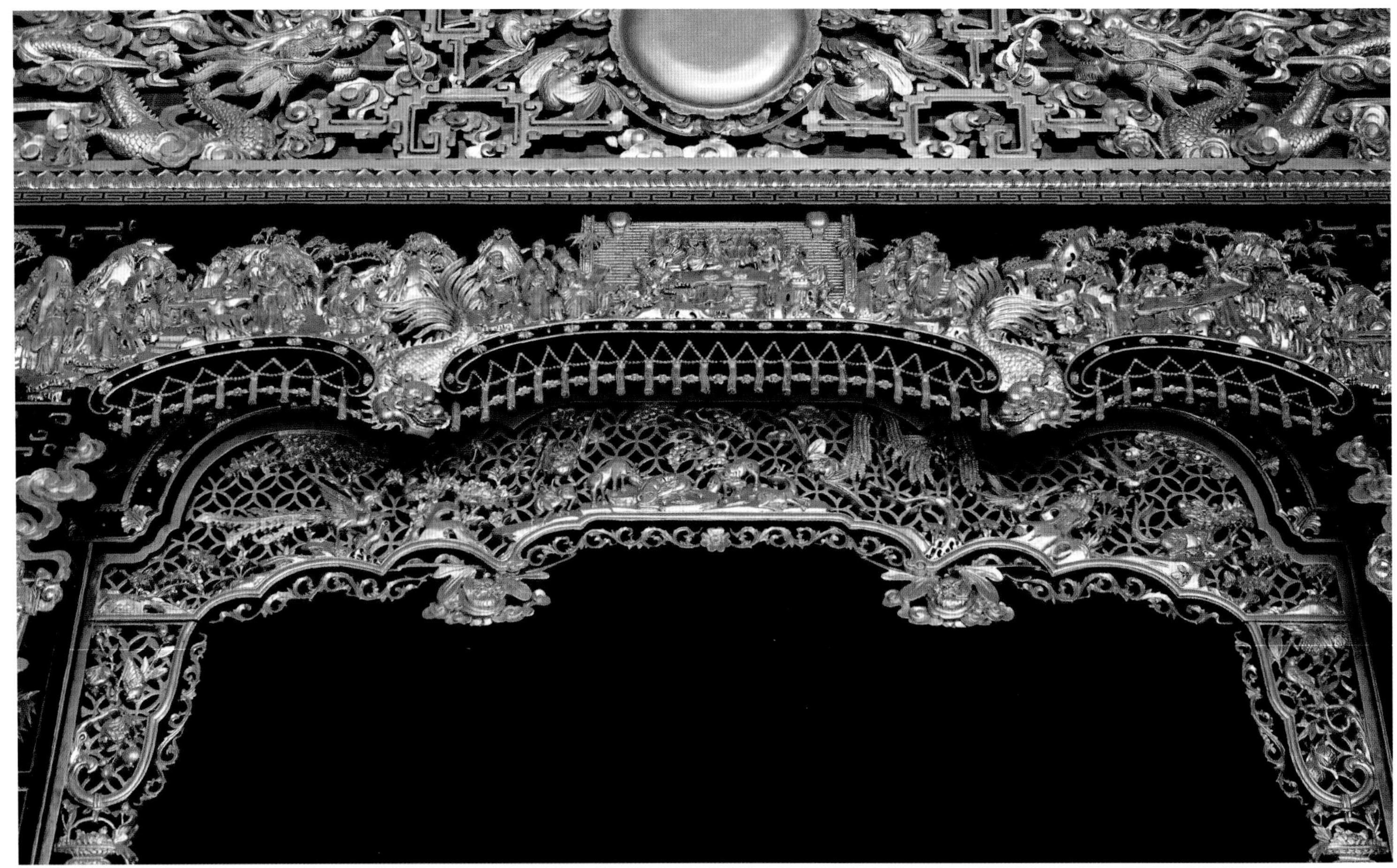

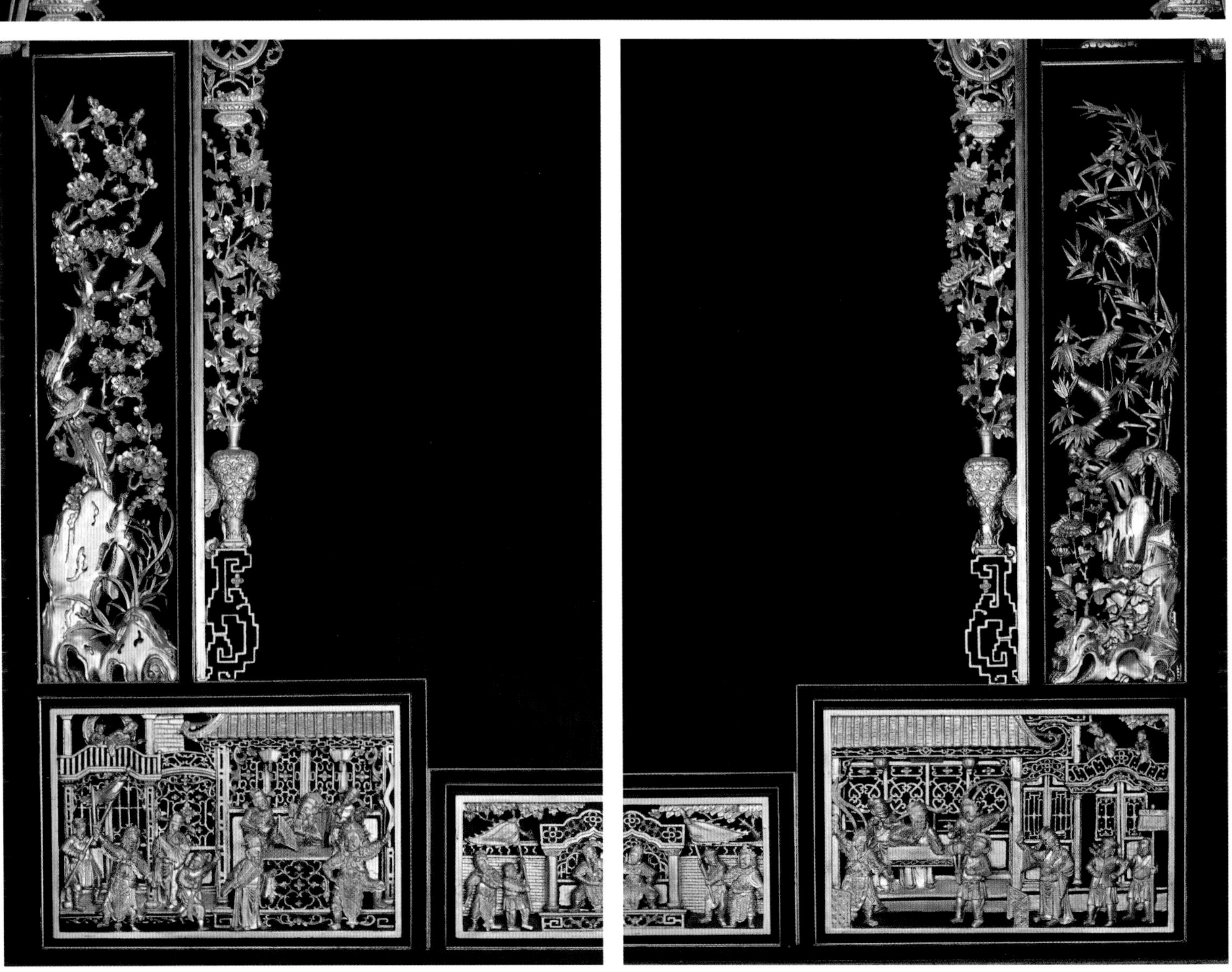

乐从沙滘陈氏大宗祠神龛雕工精美，金漆装饰，璀璨华美

乐从沙滘陈氏大宗祠

参 | 考 | 资 | 料

《中国古建筑构件——梁》，360doc
《中国古建筑构件——柱》，360doc
《古建枋类种类细分》，360doc
《古建筑知识 栏杆》
《中国风 • 古建筑 | 藻井》
《古代建筑中罩的使用及其艺术成就》
《中国古建筑木门窗文化》，作者：楼庆西
《传统建筑的门文化意象》，作者：姚慧、杨萍惠
《中国古建筑之魂——斗拱》，作者：吴金洮
《中国古建筑中的窗》
新浪博客 颐和吴老
《古代床的起源与床的赏析》
《认识和了解古家具——桌案类》
《中国传统椅子分类》

潮州木雕汲取传统精英文化和民间文化养分，既有很强的装饰效果，又具有“著升沉，明教化、助人伦”的教化之功，是中华历史文化的宝贵传承。这两幅都是郭子仪拜寿，为清代潮州金漆木雕，人物众多，而排布紧密有序，前后层次丰富，为广州美术学院收藏

潮剧开棚吉祥例戏五福连之“八仙祝寿”，描述八仙前往天宫西王母处祝寿的情景，清代潮州金漆木雕（洗金）大神龛大窗肚

题材为“唐高宗敕修百忍义门堂”，清代潮州金漆木雕（洗金），位于大神龛大窗肚，人物众多，场面热闹，但因为空间层次丰富，而不显得拥挤

1. 郭子仪拜寿，是潮洲木雕常用题材，讲的是郭子仪夫妇七十双寿诞，七子八婿身着官袍，跪拜堂前，为双老庆寿。寓意为国立功，受民爱戴，和德行德能、子孝父荣的祥和大家景象。此为清代潮州金漆木雕，镂通雕，雕工精美繁复，空间层次丰富，人物线条流畅，神采生动逼真

2. 郭子仪拜寿，清代潮州金漆木雕，镂通雕，雕工精美繁复，空间层次丰富，人物主次有序，神态各异，衣履生动

云中八仙，清代潮州金漆木雕（洗金），位于祝寿大屏风顶方肚，人物形态舒展，雕刻传神

1

2

1. 神桥围屏柱之右柱，清代潮州金漆木雕（洗金），以三国“出师表”为题材，整根柱体不大，但布局层叠有序，人物形态生动，盔甲衣饰雕刻细致，实为木雕精品，为广州美术学院收藏

2. 木雕以二十四孝为题材，人物分布井然有序，具有特色的是人物面部、衣服、动物的皮毛都打磨得非常光滑，与建筑、植物、装饰的立体精细形成了有趣的对比。清代潮州金漆木雕，为大神龛大窗肚，广州美术学院收藏

3. 典型的潮州金漆木雕，主题为“郭子仪拜寿”，清代木雕，布局精巧，空间层次丰富，人物神态生动细致

方形宣炉罩，清代潮州金漆木雕，四角通雕蟠龙金柱，题材为“柳荫四骏”，盒内装配了玻璃，以用隔尘

方形宣炉罩，清代潮州金漆木雕，四角通雕蟠龙金柱，题材有“平安富贵”“长寿多子”，传递对美好生活的向往

清代潮州金漆木雕，大神轿，潮汕民间在举行迎神赛会祈福活动时，将神像安放于轿围椅上，由4~8名青壮年男子抬着参加游行。因为是神像的座椅，所以造型庄严稳重，装饰富丽堂皇，该大神轿为广州美术院收藏，在《乾坤戏场》艺术展展出。神轿由轿围屏、轿围椅、中盘、轿脚和底座五部分组成。轿围屏民间由七块构件组成马蹄形，内屏面及轿围椅皆髹黑漆，以金线漆画及金漆图案纹样装饰。外屏面及中盘是装饰重点，按轿围屏及中盘马蹄形的造型，以对称形式作装饰布局，划分出多块大小不同、形态各异的小装饰面，内容有"铜雀台""刺梁冀"等戏曲故事，还有花鸟、水族等通雕小件。神轿围屏柱作为正面的装饰重点，小小的柱体上，天宫楼阁、人物故事，雕刻极尽精致繁复，每个面看上去都极为精彩。四足浮雕龙纹，并于外翻处通雕人物故事图。足端垫以形象生动的轿脚狮。底座以黑漆为地是不想引人注目。此处以简单的浮雕卷草纹做贴金装饰

清乾隆潮州金漆木雕，小叶紫檀的材料，素雕，浅浮雕，四方宣炉罩，题材为“采药遇仙姬”

清乾隆潮州金漆木雕，小叶紫檀的材料，素雕，浅浮雕，四方宣炉罩，题材为“苏轼游赤壁”

清乾隆潮州金漆木雕，小叶紫檀的材料，素雕，浅浮雕，四方宣炉罩，题材为“小居盼访客”

清乾隆潮州金漆木雕，小叶紫檀的材料，素雕，浅浮雕，四方宣炉罩，题材为“周敦颐爱莲”

1. 小神龛（椟），民国年间的潮州金漆木雕，以“吉祥、长寿、侯爵、厚禄、汉字对联、楷书、祖德颂辞”等为装饰素材

2. 小神龛（椟），门上雕刻，以双鸡、双羊、双鹤为题材，表达功名、孝顺、长寿等美好生活愿望

3. 小神龛（椟），门上雕刻，以鸳鸯、猴、松、鹿、金鱼为题材，表达和谐、侯爵、长寿、富贵等美好生活愿望

小神龛雕饰精美，特别是两扇门的上博古图案，线条纤细精致，工艺水平高超

方形宣炉罩，清代潮州金漆木雕，镂通雕

潮州金漆木雕馔盒。潮洲木雕在表现形式上大量借用潮剧舞台的程式化，从典型的剧目、典型的人物、典型的布局来塑造戏剧的精彩一幕，就像将戏台凝固下来

1. 汾阳府郭子仪拜寿，贴底浮雕

2. 周文王访姜太公，贴底浮雕

3~4. 长形馔盒的侧面，贴底浮雕

1~2. 题材为“雷震子救父（姬昌）”，清代潮州金漆木雕，位于神亭首层围屏后背肚

3. 八仙骑瑞兽中的“曹国舅骑犀、蓝采和骑羊”，清代潮州金漆木雕，大寿屏侧直肚

4. 八仙骑瑞兽中的“吕洞宾和蓝采和”，清代潮州金漆木雕，大寿屏侧直肚

3

4

图书在版编目（CIP）数据

天工开悟 ：中国古建装饰．木雕．3 / 黄滢，马勇主编．－ 武汉 ：华中科技大学出版社，2018.7

ISBN 978-7-5680-3952-9

Ⅰ．①天… Ⅱ．①黄… ②马… Ⅲ．①古建筑－木雕－建筑装饰－建筑艺术－中国 Ⅳ．①TU-092.2 ② TU-852

中国版本图书馆 CIP 数据核字 (2018) 第 094852 号

天工开悟：中国古建装饰 木雕 3
Tiangong Kaiwu：Zhongguo Gujian Zhuangshi Mudiao 3
黄滢 马勇 主编

出版发行：华中科技大学出版社（中国·武汉） 电话：（027）81321913
武汉市东湖新技术开发区华工科技园 邮编：430223

责任编辑：熊 纯 责任监印：朱 玢
责任校对：段园园 装帧设计：筑美文化

印 刷：深圳当纳利印刷有限公司
开 本：965 mm × 1270 mm 1/16
印 张：18
字 数：144 千字
版 次：2018 年 7 月第 1 版 第 1 次印刷
定 价：298.00 元

投稿热线：13710226636 duanyy@hustp.com
本书若有印装质量问题，请向出版社营销中心调换
全国免费服务热线：400-6679-118 竭诚为您服务